再苦也要笑一笑，再难也要挺一挺

查周 编著

中国纺织出版社

内 容 提 要

人生中的每一个不如意，都是对我们成长的挑战与机会。当你能认清不如意的因素中包含自己的问题时，就会产生不一样的结果。我们改变不了别人，却可以从改变自己开始。与其用抱怨来面对问题，不如改变自己。

本书指导读者正确面对不如意的生活，从改变自己开始，拨开天空乌云，寻求岁月的静好。让我们把注意力放在改变自我上，而不是去企图改变他人、抱怨人生；让我们都可以按照自己的意愿，过好不后悔的人生。

图书在版编目（CIP）数据

再苦也要笑一笑　再难也要挺一挺／查周编著. —北京：中国纺织出版社，2017.11（2025.5重印）
ISBN 978-7-5180-3999-9

Ⅰ.①再…　Ⅱ.①查…　Ⅲ.①人生哲学-通俗读物　Ⅳ.①B821-49

中国版本图书馆CIP数据核字（2017）第214294号

责任编辑：闫　星　　特约编辑：李　杨　　责任印制：储志伟

中国纺织出版社出版发行
地址：北京市朝阳区百子湾东里A407号楼　邮政编码：100124
销售电话：010－67004422　传真：010－87155801
http：//www.c-textilep.com
E-mail：faxing@c-textilep.com
中国纺织出版社天猫旗舰店
官方微博http：//weibo.com/2119887771
三河市金兆印刷装订有限公司印刷　各地新华书店经销
2017年11月第1版　2025年5月第6次印刷
开本：710×1000　1/16　印张：15
字数：203千字　定价：69.80元

Preface

前　言

俗话说："人无百日好，花无百日红。"人生在世，每个人都希望自己的一生可以一帆风顺、事事成功。但是，这不过是个美好的愿望罢了，在现实生活中难以达到和实现。我们经常听到的是"人生不如意十之八九"之类的感叹。也就是说，一个人的一生，不如意的时候占去了生命的十之八九，只有十之一二活在快乐之中。虽然这话不一定准确，但人的一生中忧比乐多却是不争的事实。

人快乐时，总觉鸟语花香，蓝天白云，甚至连吵闹声都变成了赞美诗；人不如意时，总觉乌云压顶，阴雨伤神，偶尔的一声鸟叫也成为噪音。然而，我们应该清醒地看到，快乐与不如意只是每个人的心理感受，不同思想境界的人对同样的人生会作出不同的反应与诠释。

生活中我们常听到"家家都有本难念的经"的感叹。每个人的生活总存在这样或那样的问题，只是问题程度不同而已。有的家庭为钱发愁，有的家庭为琐事烦忧，有的家庭为矛盾困扰，有的家庭为疾病忧愁……每天每时每刻，总有人感到不快乐。

人们遇到一件不如意的事情，通常的反应是责怪别人，最后才会考虑自身的问题，有时甚至会忘记或逃避自身的问题。这是不可取的处理方法，假如你总是抱怨生活，那么应该好好想想是否自身存在问题。

有时我们会感叹，为什么别人总是那么苛刻和不可理喻，尤其是被人误会、误解的时候，我们总想申辩，或解释，极力去改变别人的看法。结果可想而知，我们如同掉入泥潭，怎么也挣脱不出烦恼的怪圈。

其实，面对人生的不如意，与其改变别人，不如改变自己。

改变心态吧，生活中每个人都会有自己的诠释和见解，完全没必要牵强附会，一味讨好巴结别人。做事关键在于摆正自己的心态，在改变自己的同时也能影响别人，改变别人。挑战自己，改变自己的弱点和缺陷；战胜自己，即便怀才不遇，也绝不要自怨自艾，用“留得青山在，不怕没柴烧”来证明自己。总之需要改变的不是别人，而是自己。

编著者

2017年2月

Contents

目 录

第01章 人生不如意，拨开天空乌云

俗话说："人无百日好，花无百日红。"人生在世，谁都希望自己的一生能一帆风顺、事事成功。然而，这不过是一个美好的愿望罢了。面对这些不如意的事情，我们不妨拨开乌云，拥抱云层里的阳光。

事情的发生是必然的，不必折磨自己

即便世界坍塌，我们仍需要保持泰然心情。威廉·詹姆斯教授曾说："一个人要乐意接受已经形成的现实情况，因为接受现实是克服接连而来的一切糟糕情况的第一步。"事实上，不仅仅詹姆斯教授这样想，林语堂在自己的畅销书《生活的艺术》中也阐述了同样的观点，他说："心理的宁静可以接受困境，因为它可以释放心灵的能力。"

确实，宁静可以释放心灵的能力，只要我们接受了最糟糕的情况，那我们就毫无损失，因为这意味着我们失去的所有机会都找回来了。毋庸置疑，这确实是源于生活的真理。

威廉年轻时在纽约的一家钢铁公司工作，他们公司会安装一种瓦斯清洗器，主要用来清除空气中的杂质以保护机器的发动机，这种清洁空气的方法是十分先进的。在这之前，威廉也曾经安装过这种装置，但是，当他被公司安排去另外一个地方安装瓦斯清洗器的时候，却发现了一些困难。

当时，威廉好不容易安装好之后，机器虽然可以正常运转，其性能却没有达到他预期的效果。对比曾经安装工作的顺利，这次的困难使得威廉备受打击，他意识到这样是解决不了问题的，他必须找到一种行之有效的方法。

他先是全面分析自己目前的处境，以及因失败而造成的最糟糕的情形：当然，自己不会因此而丧失性命或者进监狱，大不了就是损失老板购买机器的2万美元，而他则会丢掉工作。其次，他在思考过最糟糕的情形之

后，打算接受这个事实。他告诉自己，或许这次失败会成为事业中的一个低谷，甚至他会因此被炒鱿鱼，不过即便我失去了工作，他依然可以寻找到新的工作。至于老板，他有足够的能力投入新的资金，从而试验出一种新的清洁空气的方法，2万美元对于他来说没什么大不了。由此看来，即便出现最糟糕的情况，自己也能接受。于是他绷紧的身心立即得到了放松，心里有了一种从未有过的平静。最后，威廉的心已经平静下来，可以更加清晰地思考如何来挽救这个还不算糟糕的情况。于是他开始积极思考，希望可以寻找到一种补救的办法，以减轻有可能造成的2万元的损失。

经过几次测验，情况终于有了转机。威廉发现顶多再安装一个价值5000美元的设备，就可以完全解决问题。事不宜迟，他马上去做，结果公司不仅没有损失那2万美元，相反还赚了1.5万美元。

最后，威廉先生说："如果我一直忧虑下去，那我就无法取得最后的成功。不过，只要我们作好最坏的打算，且从心里接受这个最糟糕的情况，那你会发现大脑瞬间豁然开朗，若在这时集中精力思考，那就一定可以解决问题。尽管这件事已经过去很久了，但我一直使用这个方法来缓解内心的忧虑，而且极具实用性。现在，我每天都过得快乐，已经很少有烦恼在我身边驻足了。"

如何让自己变得成熟起来？看完这个故事，想必你已经找到了有效的方法。是的，就是威廉所使用的方法。那我们现在再来回忆一遍这个方法的三个步骤吧：首先，假设事情发展的最糟糕情况；其次，既然事情已经这样，那不如学会接受它；最后，既然接受了，不妨静下心来思考解决问题的有效方法。当然，关键在于，马上行动起来！

在现实生活中，多少人为了克制自己的愤怒而毁了自己的生活！他们没办法接受最糟糕的情况，没有勇气去改变自己、去摆脱禁锢内心的魔

鬼。他们的自我正在慢慢坍塌，且终日沉浸在过去的痛苦之中，最后，他们不仅没有找寻到自我，反而因忧虑成疾成为悲催的忧郁者。

人生归根到底都一样，重在选择

生活需要热情，那种平淡无味、死气沉沉的生活给人一种衰亡的感觉。上班族中很多人都是两点一线，朝九晚五，重复着简单无聊的日子。等到有一天突然回头，你会发现自己已过而立之年，却依旧碌碌无为，只懂得生存，不知道何为快乐。这样的人生未免太过可悲，然而，由生存向生活过渡，很多人却实实在在用完了一生。这个过程不可谓不漫长，期间的酸甜苦辣，不用深究，其味道已浸染他的四周。

每一天清晨的曙光下，在一个个忙碌的身影中，有你，有我。一天如此，一年如此，一生都会如此。谁对生活更拥有热情，更懂得品味和享受，无疑，他就更容易寻找到快乐的足迹。

杰克是美国一家麦当劳的员工，每天的工作就是不停地做很多相同的汉堡，没有什么新意，但是他仍然非常快乐，从来都是用满怀善意的微笑热情地迎接他的顾客，几年来一直如此。他的这种真挚的快乐，感染了很多人。有人不禁问他，为什么对这样一种毫无变化的工作感到快乐？究竟什么让他充满热情？

杰克回答道，我每做出一个汉堡，就知道一定会有人因为它的美味而感到快乐，那我也就感受到了我的作品带来的成功，这是多么美好的事情。我每天都会感谢上天给我一份这么好的工作。

由于杰克的快乐心情，这家店的生意越来越好，名气也越来越大，最后终于传到了麦当劳公司总管的耳朵里，于是，杰克得到了总公司的一个重要职位。

对于一个普通人来说，即便你坚信自己才华横溢，但如果你缺乏热

情，你也只能停留在表面功夫的作业上，做一天和尚撞一天钟，既享受不到工作所带来的乐趣，也不会有任何升迁的机会光顾你。

生活中需要热情，快乐更是由丰富的个性点燃的。当你对生活全身心投入的时候，那份专注的热情会持久地温暖你的心，使你拥有燃烧着的快乐和付出后的满足。

在台湾著名艺人杨林的眼里，石头是这样的："石头说自己的话，唱自己的歌。它生气时只有自己知道，兴奋时非常低调，做梦时不让你知道。"正是这种对待生活积极热情的态度，造就了一个不同于传统观念的艺人。

杨林宣布挥别演艺事业转行画画的时候，曾引起了一阵哗然，很多人都对她的"挥别"与"转行"感到不可思议。不过，杨林却平静地向大家说道："我只是选择一个让自己灵魂快乐起来、简单自在的工作罢了。"她坚信，对生活、对画画抱有热情，所得到的快乐远比名誉和金钱要多得多。

但她的经纪人不死心，多次上门来说服她："你看啊，随便拍个广告，15分钟就可以赚10万元，你干吗不拍啊？"杨林坚决地一口回绝了，依旧执着地以画画为生，她曾以"撒旦"来形容这种赚钱的快乐与奇妙。

在某次画展结束的时候，杨林微笑着对人说道："一张画，少则要画个把月，多则要画两三个月，最后顶多也就卖个几万元台币，相比起拍广告来是有些少了；可是呢，如果接拍广告的话，不但要老早从床上爬起来梳头、化妆，打扮美丽，还要一个劲儿地对着大家露出牙齿来强装着微笑，虽然转眼就有10万元的台币，可以肆无忌惮地去买名牌、吃美食，然后骗自己说这样活着其实还不错……但实际上，精神上的空虚，又有谁能够看得到呢？"

后来，杨林把自己的轿车卖掉了，而且表示说，如果未来求学的经费不够了，就连房子也会卖掉的。她说："我很快乐，快乐就是做自己想做的事情。"

只有金钱才能缔造快乐，这在很多人的观念里已经根深蒂固。对于那些重视物欲享受的人来说，杨林是个不折不扣的傻子，然而她却是一个真真正正会享受快乐的“傻子”，是一个让自己的精神归属快乐的人。她深深地懂得：在短若朝露的人生岁月里，只有把真实的自我释放出来，才不会白白地、惨惨地辜负自己。

热情是快乐的秘方，是成功的催化剂。黑格尔有句名言：“我们可以肯定地说，世界上的伟大事物都是靠热情来成就的。”一个精神萎靡不振的人绝对不会成为成功的人；一个怨天尤人的人也绝对不会获得快乐的体验。

“问渠哪得清如许？为有源头活水来。”如果你是一潭死水，就只能等着变臭、腐烂、干涸；如果你是一潭充满热情的活水，你就拥有了日新月异的动力，你就有了热情四射的活力，那时，你对快乐的理解和体验将获得前所未有的升华。

不会永远幸福，也不会长久不幸

既然人生归根结底是一样，我们何不坦然面对过程中的悲与喜呢？在这个世界上，没有糟糕的环境，只有糟糕的心境。一个人若拥有了糟糕的心境，即使他处于多么顺利的环境中，他也会感觉到苦闷；一个人若是拥有一份热忱、乐观的心境，那么，不管他处于什么样恶劣的环境，他依然可以过得快乐、幸福。其实，那些心中充满抱怨的人，他们是自己跟自己较劲，既没有办法接受，又失去了改变的能力，一定程度上来说，他们是可怜的。即使自己的处境再糟糕又怎么样，抱怨能改变什么呢？既然不能改变环境，何不改变自己的心境呢？

亚伯拉罕·林肯在一次竞选参议员失败后这样说道：“此路艰辛而泥泞，我一只脚滑了一下，另一只脚也因而站不稳；但我缓口气，告诉自己

‘这不过是滑一跤，并不是死去而爬不起来’。”其实，阻碍我们前行的并不是糟糕的环境，而是我们那份早已经发霉的糟糕心境。拥有良好的心态，能够持之以恒地做下去，直到最后的成功，这样，我们就能够在糟糕的环境中坚定地走下去。

一位将军去沙漠参加军事演习，妻子塞尔玛需要随军驻扎在陆军基地里。沙漠干燥高热的气候，令塞尔玛感到很难受，而她身边又没有可以倾诉的人，陷于孤独的塞尔玛经常给父亲写信，在信中透露出自己想回家的强烈愿望。然而，拆开父亲的回信，只有短短的两行字：“两个人从牢中的铁窗望出去，一个看到泥土，一个却看到了星星。”父亲的回信令塞尔玛十分惭愧，她决定要在沙漠里寻找星星。

从此以后，塞尔玛开始与当地人交朋友，彼此之间互相赠送礼品，闲来无事，她开始研究沙漠里的仙人掌、海螺壳。慢慢地，她迷上了这里。后来，她根据亲身的经历，写了一本《快乐的城堡》。

沙漠并没有改变，当地的印第安人也没有改变，那么，到底是什么使塞尔玛的生活发生了巨大的变化呢？当然是心态。曾经有着糟糕心境的塞尔玛看到的只是泥土；当心态发生变化之后，乐观的塞尔玛在沙漠里寻找到了星星。塞尔玛的故事告诉我们：在这个世界上，根本没有糟糕的环境，有的只是糟糕的心境。

当你感到自己变得苦闷或烦躁的时候，不妨试着询问自己，那苦闷、烦躁的根源是否在于自己产生了一种糟糕的心境呢？如果答案是肯定的，那么，尝试着改变自己的心态，放弃糟糕的心境，重新以乐观积极的心态面对，再来看待自己的处境，你会惊讶地发现，这个环境似乎并没有想象中那么糟糕。

乔丽是报社的一名记者，最近她接到了一份特殊的采访任务。当她拿到被采访者的资料时，她不禁有些难过，这是一个怎样的女人：丈夫早些年得了重病去逝了，欠下了大笔的债务，家里有两个孩子，还有一个带有残疾，女人只是在一家小型的工厂里当一名女工，微薄的薪水养着整个家，还需要还债。乔丽一下午都坐在家里，想着：她家里不知道是什么样子？女人和孩子都蓬头垢面，满脸悲苦，又黑又潮的小屋里没有一点鲜活的色彩，自己去了，也许只会不断听到不断的哭诉。

那个周末，乔丽满怀深情，按着地址找到个那个女人居住的地方。当她站在门口时，有些不敢相信自己的眼睛，她甚至怀疑自己找错了地方，于是又向女主人核实了一遍。确认无误之后，她开始重新打量这个家：整个屋子干干净净，有用纸做的漂亮门帘，墙上还贴着孩子上学获得的奖状，灶台上只放着油盐两种调味品，罐子却擦得干干净净，女人脸上的笑容就像她的房间一样明朗。乔丽坐在垫着报纸的凳子上，热情的女人为她拿来了拖鞋，乔丽看见那鞋居然是用旧的解放鞋的鞋底做的，再用旧毛线织出带有美丽图案的鞋帮。

女人也一起坐下来，乔丽不禁有些好奇地问她是怎么把这个家打理得这样舒适的，女工一边干着活，一边微笑着说："家里的冰箱洗衣机都是隔壁邻居淘汰下来送给自己的，其实用着也蛮好的；工厂里的老板同事也都很照顾自己，还会让自己把饭菜带回来给孩子吃；孩子们也很懂事，做完了一天的功课还会帮忙干家务活……"

乔丽听着听着，眼睛有些湿润了，叹息道："虽然你所面临的环境是糟糕的，但是，你的心境却是阳光的。"这并不是同情，而是一种赞叹，赞叹女人的坚强，更赞叹女人的乐观。

可能在任何人看来，女工所处的环境都是相当糟糕的，但是，拥有积极乐观心态的女工却用自己微薄的薪水营造了一个干净而温馨的家。或许，在我们的生活中，常常会发生许多不如意的事情，不管我们接不接受，它都会不期而至。对我们而言，需要做的是：既然我们不能改变糟糕的环境，那么，我们就改变糟糕的心境。改变那些我们能改变的，接受那些不能改变的状况。

当你总是怀着乐观的心态去面对生活的时候，你会惊讶地发现，事情

并没有想象得那么糟糕，无论多大的困难与挫折，都不足以毁灭我们心中的希望。只要心中有梦，希望就在，而我们会发现世界竟是那么美好，生活处处充满了阳光。

生活总在乏味与痛苦之间徘徊

叔本华说："不受激情感动的日常生活是冗长乏味的。一旦有了激情，生活中却又充满了苦痛。"毕竟平淡才是人生的常态，从容则应是不变的心态，若盲目地追求激情，只会获得一个痛苦的人生。

如果说生活是一张色彩鲜艳的图画，你会发现图纸上给我们呈现最多的是白色。是的，对于我们每一个人来说，生活的常态就是平淡，不大悲大喜，保持淡定的从容，我们才能深刻地体会到生活的真切。许多人在生活中，既不够平淡，也不够从容，身边的同事晋升了职位，心中就腾起了怒火；若是自己加薪了、升职了，则欣喜若狂。更有甚者，如果失去了发财的机会，他们就会捶胸顿足。

事实上，淡定从容才是一种正确的生活态度，更是一种心灵的至高境界。成功与失败只是生活中的一种际遇，对于我们来说，没有必要为了失败或成功而破坏那份幽静的心情。保持一种淡定从容的心态，毕竟，繁华落尽不过是一纸的苍凉，灯红酒绿之后不过是漆黑的夜晚。所以，怀着一颗淡定从容的心来面对生活的失意与得意，你会发现，生活的平淡是常态，而淡定从容则是不变的心态。

佛曰："一花一世界，一草一天堂，一叶一如来，一砂一极乐，一方一净土，一笑一尘缘，一念一清静。"这一切都是源于心境。不去计较生活的平淡，不为失败而生气、沮丧，一花一草便可以是整个世界。那份洒脱，那份豁达，那份心境是常人所不能具有的。人生道路上有鲜花、有掌声，有多少人能等闲视之；人生路上也有坎坷泥泞、满地荆棘，又有多少人能以平常心视之。我们要学会坦然面对人生中的失意与得意，平复心绪，既来之、则安之，正所谓“荣辱不惊，闲看庭前花开花落；去留无意，漫随天外云卷云舒。”

小晨从小就喜欢唱歌，大学毕业后，父亲却语重心长地告诉他：“想唱歌？你到底懂多少呢？先找口饭吃，找个地方住。”小晨只身去了广州，在老乡刚开业的快餐店打工，没有工钱，只提供吃住。在餐厅里，切肉、送餐、收账，小晨什么活都干，需要做什么就做什么，而他总是面带笑容，若是遭遇苛求的顾客，小晨依然笑容满面。

后来，他无意之间看见了一则琴行吉他班招聘的消息，小晨怀着不安的心情去面试了，没想到，老板相中了小晨的琴技，当即把他留了下来。从此，小晨一边在吉他班上课，一边开始商业演出，那段日子，小晨十分辛苦，不仅如此，所得到的报酬更是微薄的。不过，小晨笑着对朋友说：“至少我现在能有钱养活自己，不像以前，什么都没有。”

渐渐地，小晨在当地的名气传开了，经过朋友介绍，他开始在酒吧驻唱，不过，这并不是一件快乐的事情。小晨这样回忆说：“在酒吧就是这样，我们都曾碰到形形色色的人，喝酒闹事的、砸酒瓶子的，逼你喝酒的，但这就是酒吧，我们能怎么办？我们不过是打工的，遇到这样的事情，哪怕再委屈，也只有能忍则忍。”辛苦的日子终于过去了，音乐制片人发掘了小晨这颗音乐种子，开始无偿为他策划专辑、宣传，如今，他已经是炙手可热的歌手。回想起以往的经历，小晨只是感叹：“变化的是环境，不变的却是淡定从容的心态。”

当你怀着乐观、积极的心态，秉承着“知己为天所命，非虚生也”的信念，用豁达的心胸来面对人生中的成功与失败时，你就会发现人生并没有那么可怕，也没有什么过不去的坎，更没有什么放不下的。

淡定从容是一种平和的心态，即便面对生命中的坎坷与不幸，也能以平和、不急不躁、不卑不亢的心态来面对，浅尝生命的佳酿，从而忘却心中的烦恼。淡定从容是一种生活态度，面对生活中的失意与得意，保持平和的心境，不以物喜、不以己悲，从容不迫的心境不会因为得意失意而大起大落。

人的一生，总会面对得与失、升与沉、荣与辱、富贵与贫穷等这样一些迥然不同的遭遇。虽然我们只是普通人，在这样一些遭遇下，心境有可能会起伏不定，但是，如果我们能够保持一颗平常心，抑制内心情绪的波动，那么，那些遭遇不过是过眼云烟。平静对待成功与失败，微笑面对荣辱，永远保持着胜不骄、败不馁的心态，秉承着淡定从容的生活态度。

对话自己

在人生的旅途中，做好自己，即使失去了也不要过于沮丧、抱怨；即便获得了也不要太过兴奋。人生路上，不要有太多的患得患失，也不要太计较自己的得与失，以一份淡定从容的心态来迎接人生中的每一次挑战，这看似生命的无奈，实则是生命最绚丽的精彩。

心动则人妄动，烦恼丛生

一个人心灵的宁静越是不为恐惧所侵扰，就越是可能为欲望和期待所骚动。有时候，最不容易管住的是我们的心，今天要求这样，明天希望那样，总是翻来覆去，心猿意马。浮躁的心总也看不开人生的种种，看不开灯红酒绿，看不开金钱、权力、欲望，所以他才会感觉到人生烦恼多。

正所谓“心静自然凉”，当我们把心静下来之后，再回过头来看这个世界，是否还觉得烦恼丛生呢？有时候，烦恼不是因为看不开，而是因为没办法静下心来。

在生活中，我们因看不开所产生的烦恼、痛苦、绝望、发怒或者从容、自在、快乐的感觉，都源于我们内心。就好像少年入定时会有一只大蜘蛛不请自来对其进行骚扰一样，浮躁的心，往往会对我们的情绪进行影响，或悲或喜，或烦恼或自在，或绝望或希望。

三伏天，禅院的草地枯黄了一大片。小和尚说："快撒点儿草种吧，好难看呐！""等天凉了。"师父挥挥手，"随时！"中秋，师父买了一包草籽，叫小和尚去播种。

秋风起，草籽边撒边飘。"不好了！好多种子都被吹飞了。"小和尚喊。"没关系，吹走的多半是空的，撒下去也发不了芽。"师父说，"随性！"撒完种子，跟着就飞来几只小鸟啄食。"要命了！种子都被鸟吃了！"小和尚急得跳脚。"没关系！种子多，吃不完！"师父说，"随遇！"

半夜一阵骤雨，小和尚早晨冲进禅房："师父！这下真完了！好多草籽被雨冲走了！""冲到哪儿，就在哪儿发芽！"师父说，"随缘！"一个星期过去了，原本光秃秃的地面，居然长出许多青翠的草苗。一些原来没播种的角落，也泛出了绿意。小和尚高兴得直拍手。师父点头："随喜！"

好一句"随喜"，因为师父怀着一颗淡泊明志的心，所以才会事事"随喜"，凡事都看得开。心静下来，看什么都是没关系的，"随时""随性""随遇""随缘""随喜"，人生似乎就是这样，假如无论失去或得到了什么都抱着很浮躁的心态去对待，那万事万物，千头万绪，我们是再也理不清、剪不断的。人生需要"随喜"的心态，把心静下来，处处随喜，生活自然一片美好。

在罗阅祇城有一个婆罗门，他常听说舍卫国人民多孝养父母、信仰佛法，而且善于修道，并供养佛法僧三宝。他心中十分向往，便想去舍卫国观光并修学佛法。到了舍卫国，他看见有父子二人正在田中耕地、播种。忽然，有一条毒蛇爬到那儿子的跟前，将他咬死了。然而那父亲不但不管儿子，反而接着干活，连头也不抬。

这个婆罗门大为惊奇，便上前问他原因。耕种者反问道："你从何方来，来此为何目的？"这个婆罗门回答说："我从罗阅祇城来，听说你们国家多孝养父母、信奉三宝，所以打算来求学修道。"接着，婆罗门问道："你儿子被毒蛇咬死，你为什么非但不难过，反而接着耕地播种？"耕种者说："人之生老病死及世间万物成败，皆为自然规律，忧愁啼哭能

有什么用呢？如果伤心得饭也不吃、觉也不睡，什么也不干，那不跟死人一样？活着的意义就不大了。你要进城，路过我家时，请替我捎话给我家人，说儿子已死，不必准备两人的饭菜了。”

这个婆罗门心里暗想：“这个人可真不像话！儿子被蛇咬死，竟然不悲哀，反而还想吃饭，真没有人性啊！”他进入舍卫城，来到耕种者的家，见到那人的妻子，便说道：“你的儿子已经死了，他的父亲让我捎话说，准备一个人的饭就行了。”那妇人听后，说：“人生即如住店，随缘而来，随缘而去，我这儿子也是一样啊！生是赤条条来，死亦赤条条去，任何人都不能违反这一规律。”这个婆罗门又告诉了死者的妻子，谁知她的回答也是如此。他心中非常生气，对那女子说道：“你的儿子已死，你难道一点儿也不痛心吗？”那女子默然不答。

这个婆罗门怀疑自己是否走错了国家，决定去请教伟大的佛陀。这个婆罗门来到佛所，向佛陀顶礼，退坐一边，一脸的愁云。佛陀已明白他的来意，却故意问他为什么忧愁。

他回答说：“遇事不合我的想法，故而忧愁。”佛陀又问：“遇上何事不合你所想呢？”他如实向佛陀禀告了路上所见之事。佛陀说道：“善男子，这些人是真正明白人生事理的啊！他们知道人生无常，伤心悲哀无济于事，故能正视世间及人生的自然规律，也就无有忧愁！尘世之人不明白生死无常的道理，互相贪着爱恋，等到突发事件一来，即懊恼、痛苦甚至痛不欲生，无以自制。正如人得了热病，高热谵语，恍恍惚惚胡说八道，只有经过良医诊治下药后，热退病愈，才不会再说胡话了。”

佛陀接着又说：“世间俗人长时间被贪、嗔、痴三种烦恼袭扰，不能自拔。如果自己能明白无常之道理，能明白佛法苦集灭道之道理，那么自然烦恼尽除。这些人皆可以证道啊！”这个婆罗门闻佛所说，即自责道：“我真愚痴，不明佛法大义，现在一经佛说，如黑暗中见到光明，恍然大悟！”

人生总充满着不如意的事情，而佛法告诉我们，生命的无常是无法回避的，我们应该把心静下来，面对它、认识它、超越它、看开它。或许，许多对佛法陌生的人认为佛教是消极的，其实不然，佛教认为苦是一种客观存在。

对话自己

世间的一切都有生住异灭的过程，生老病死、春夏秋冬，只要我们怀着一颗安静的心看待，那一切都是可以看得开的。若自己被一颗浮躁的心所围绕，那我们看什么都是烦恼，什么都看不开。心若静下来，我们自然会看到生活中的许多美好，心境也一下子豁然开朗。

第02章 生活不公平，但没有理由绝望

生活中，没有事情是绝对公平的，我们只能求得心灵的平衡。即便我们遭遇了生活的不公平，相信自己，命运的辉煌依然可以靠自己来缔造。其实，幸福就在我们身边，甚至触手可及。学会接受那些上天给予的不公平，别在生活的天平中寻求圆满。

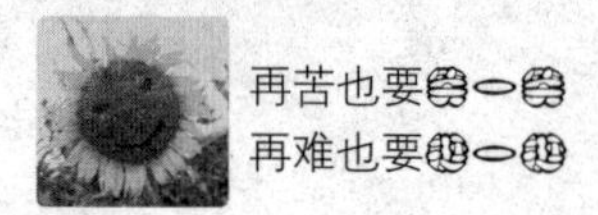

记住，世界上没有绝对的公平

比尔·盖茨说：“社会是不公平的，我们要试着接受它。”在这个世界上没有绝对的公平，假如真的绝对公平了，反而会是另外一种不公平。一个人从呱呱坠地，就开始面临各种不公平，如出生背景不同、家庭关系不同、受教育程度不同，这些对我们而言都是一种不公平。更有甚者，最让我们感到心里不平衡的，是从前跟我们在一个水平线上的人突然之间变得不一样了，一起工作的他却升职加薪了，一起做生意他却发财了。别人做事情总是处处顺利，而自己则是处处碰壁。面对这样的情况，如果我们处处较真，抱怨上天对我们的不公平，那只会让自己陷入一个痛苦的怪圈。

为了生存，我们每天不得不努力地挣扎着，以争取属于自己的那片天地。但在很多时候，我们努力了，却没有得到期望的结果。这种时候，不要较真，不要哭泣，也不要怨天尤人，我们需要平静地面对这个世界，因为在这个世界上没有绝对的公平，我们只求心灵平衡。

一个人活着，他就注定了有机遇、有坎坷、有欢乐、有痛苦，即便我们付出了所有的精力和心血，也无法换来绝对公平的待遇。在生活中，有的东西既然别人得到了，我们就不要再去争，这样只会徒劳无益；假如自己得到了，那就好好珍惜，别人也不能轻易剥夺你的所有。在这个世界上，从来都是一份耕耘一份收获，有所失才会有所得，只有有了对生活、对工作的付出，才有可能得到期望的回报。

在生活中，有的人比较幸运，他可以利用身边一切能够利用的资源，很快地过上令人羡慕的生活；而那些一无所有的人，需要认清生活中存在

的不公平，把自己的劣势变成自己努力奋斗的动力，发挥自己的长处，寻找机会，坚持自己想干的事情，这样才可以扭转我们所认为的不公平。

有这样两个渔人，一起出去捕鱼。

他们来到河边，两人捕了很多的鱼。在分鱼的时候，两人发生了争执，都说自己分少了，对方分多了。没有办法，他们决定在河边挖一个水坑，暂时把鱼放在里面，回家去拿秤来重新分配。可是等他们回来的时候，水坑里的鱼却早已经从里面跳出来，游进了河里。他们感到十分懊恼，互相埋怨对方。

在这时，他们听见了野鸭的叫声，决定去捕野鸭。正当他们接近野鸭准备射击的时候，其中一个人说："先别忙，咱们先说好野鸭怎么分配，免得又让野鸭跑了。"于是，两人又为分配的事情争吵了起来，他们争吵的声音惊动了野鸭，野鸭马上就飞走了，而两人仍在那里争吵不休。

在生活中，我们也经常会遇到这样的事情，本来彼此之间合作得很好，但双方都在计较公平分配，结果，已经到手的利益成为了竹篮打水一场空，谁也没拿到好处。经常会有这样一些人，当事情还没办成的时候，就为了计较彼此之间的公平而在分配上争吵，而争吵的结果就是令要办的事情不了了之。其实，在许多小事情上，绝不能拘泥于绝对的公平，因为绝对的公平是不存在的。重要的是，我们要善于从长远利益出发，所谓小不忍则乱大谋，切忌处处较真，斤斤计较。

虽然，社会提倡伸张正义、主持公道，那些政治家们在每一篇竞选演讲中也会慷慨陈词："让每一个人都得到平等与公平的待遇。"但是，日复一日、年复一年，一个世纪过去了，我们依旧无法真正地消除世界上那些不公平的现象。实际上，自人类有史以来，这些现象就从来没有消失过，贫困、战争、瘟疫、犯罪、卖淫、吸毒和谋杀等各种社会弊病一代代延续着，某些地区还会愈演愈烈。我们应该明白，这些不公平现象的存在是必然的，当我们无法改变这一切的时候，我们可以努力改变自己，不让自己陷入一种惰性，并用自己的智慧去努力争取。

在生活与工作中，经常会听到有人这样发泄："这简直太不公平了！”这是一种经常会听见的抱怨，当我们感到某件事不公平的时候，必然会拿自己同另外一个人或另外一群人进行比较，我们会想：他比我得到的多，这就很不公平。如果你越是这样较真，那你就越是觉得自己受到的待遇是最不公平的。

只要我们凡事全力以赴，至于结果怎么样，不过份在意，只求自己心灵的平衡，付出过，努力过，拼搏过，那就无怨无悔。对于生活中的许多事情，不要太去计较不公平的待遇，只须求得内心的安慰就可以了，这样我们才无愧于心。

积极暗示，幸福触手可及

心理暗示在日常生活中随时随地都可以看到，它是用含蓄、间接的方式对人的心理状态产生影响的过程。一般而言，暗示又分为他人暗示和自我暗示。积极心理暗示是一种自我暗示，即自己把某种观念暗示给自己，并使它实现为动作或行为。自我暗示的作用是巨大的，不仅能影响自己的心理与行为，还能影响到我们的生理机能。另外，只有积极的心理暗示才能起到增进和改善的作用，反之，消极的暗示会扰乱我们的心理、行为以及人体的生理机能。如果你习惯地想那些快乐的事情，你的神经系统就会习惯性地令自己处在一个快乐的状态，这时你会发现幸福是触手可及的。

积极暗示心理学家马尔兹说：“我们的神经系统是很‘蠢’的，你用肉眼看到一件喜悦的事，它就会作出喜悦的反应；看到忧愁的事，它就会作出忧愁的反应。”积极的暗示产生积极的心态，消极的暗示产生消极的心态，对我们自己来说，应尽量避免运用消极的暗示。

假如把全球人口维持人类的各种比例压缩成只有100人的部落，可以看到这个部落的人员构成为：57个亚洲人、21个欧洲人、14个美洲人、8个非洲人；52个男人、48个女人；30个白种人、70个非白种人；30个基督徒、70个非基督徒；89个异性恋者、11个同性恋者；6个人将拥有全部财富的59%；80个人的居家生活不甚理想；70个文盲；50个人营养不良；1个人即将死亡；1个人即将生产；1个人拥有大专学历；1个人拥有电脑。

因此，最终得出这样的结论：如果您今天早上醒来时还算健康，恭喜您，因为有100万人将活不过一星期；如果您不曾经历过战争的危险、被监禁的寂寞、被凌虐的痛苦或是饥寒交迫，恭喜您，您比5亿人还好命；如果您可以参加宗教活动而不必担心被骚扰、逮捕、凌虐或死亡，恭喜你，您比30亿人还自由；如果您还有食物吃、有衣服穿，还有地方住，恭喜您，您比全世界75%的人还富有；如果您在银行里有存款，钱包里有钞票及一些零钱，恭喜您，您是全世界前8%的有钱人；如果您的双亲都还健在而且没有离婚，恭喜您，您算是幸运儿；您可以读这篇文章，那是双重幸运：有人想到您这个朋友，而有20亿人根本不识字！

这个经典的故事就是一种积极的心理暗示，如果你能感恩于生活，那你会发现幸福其实很简单，它近得触手可及。在这个物欲横流的时代，你拥有多少金钱并不能说明你有多幸福，你拥有多高的社会地位与权势并不能证明你比他人更幸福。每天，只要我们能给予自己这样的心理暗示，那自己就会感受到幸福。

在辅导班里，有一位60岁的教授，他谈吐幽默风趣，专业知识精深。但是，给学生印象最深的却是他每一次进教室都精神饱满，面带笑容，而且，每次都会带上一束花放在教室的花瓶里。虽然他每一次带来的花都不一样，但都一样鲜艳美丽。学生不禁产生这样的疑问：教授为什么总是感到如此幸福，难道他的生活就没有什么不顺心的事情吗？

课程结束之后，一位学生向教授表达了自己的感激之情，同时，提出了一直存在心中的疑问。头发花白的教授笑了笑，“其实，我只是不断地暗示自己：一切都会好起来的。前些年，老伴在一次车祸中走了，孩子又在外地工作，我一个人在家里很孤单，本来我已经退休了，但我还想继续执教，教师这份职业让我感到快乐。在工作之余，我最喜欢养花，在我家的院子里一年四季都有花香，我把这些花送给了朋友、邻居以及喜欢这些花的陌生人。我每次带来的花都是自己种的，能给别人送去快乐，我自己也感到很幸福。”闻着那些花香，学生感到幸福正抚摸着自己的脸颊。

在生活中，我们常常会感到悲伤、烦闷，总是认为幸福是一种奢侈品，难以把握。其实，只要我们学会了积极的心理暗示，那幸福就是触手可及的。

习惯于幸福的人会在每天对自己说：“今天的天气真好，一切都会顺利的。”而不幸的人会说：“今天一切又不会顺利。”有时候，幸福对于我们来说只是一种选择，谁也不能决定你的幸福，只有你自己。

幸福隐藏在琐碎的事情之中，就如同点点粉末洒在日常事物之中，若我们的眼光太过于高远，就看不见那些随处飞扬的尘埃。所以，别计较太多，如果我们每天都细数着自己身边的幸福，那么，幸福的指数就会一直上升，最终成为一种习惯，伴随我们左右。

别被幸福的假象所迷惑

为什么生活越来越富裕，收入越来越高，人们却越来越感觉不到幸福呢？幸福课教授本·沙哈尔对此提出了自己的看法：因为人们常常被“幸福的假象”所蒙蔽。本·沙哈尔说，“我们所处的社会环境和文化背景是这样的：假如孩子成绩全优，家长就会给奖励；如果员工工作出色，老板就会发奖金。人们习惯性地去关注下一个目标，而常常忽略了眼前的事

情，最后，导致终生的盲目追求。”其实，我们生活的过程就是一个营造幸福的过程。

有时候，我们只看到生活的某个角度，自然会觉得自己是不幸福的，这时我们忽略了生活带给我们的多面性。只有我们懂得全面地看待生活的时候，我们才能铸就幸福。幸福就是真实、快乐地生活着，这看起来更像是一种生命的精神状态。

A先生今年40岁，拥有一家公司，家里有位美丽贤惠的妻子和一对可爱的儿女。身边的一些朋友都羡慕他，他也曾满足过，但渐渐地他越来越感觉不到幸福的滋味了。每天，他都在想，要是多挣一些钱，让自己和家人的后半生没有后顾之忧就好了。如果碰上了经济危机，生意不好做怎么办？自己和家人的生活失去了保障该怎么办？

案例中的这位先生，他这样的生活状况，在外人看来是幸福的，但他自己却感觉不到幸福的滋味了。因为每天他都在想，要是多挣一些钱，让自己和家人的后半生没有后顾之忧就好了；假如遭遇经济危机，生意不好做怎么办？自己和家人的生活失去了保障该怎么办？在这时候，他只看到了生活中让自己担忧的一面，却忘记了家里美丽贤惠的妻子和一对可爱的儿女，因为缺少对生活全面的看待，所以他无法体会到幸福的感觉。

教堂里有位看门的人，看十字架上的耶稣每天要应付这么多人的要求，觉得于心不忍，让希望能分担耶稣的辛苦。有一天他祈祷时，向耶稣表达了自己这份心愿。意外地，他听到一个声音：“好啊！我下来为你看门，你上来钉在十字架上。但是，无论你看到什么、听到什么，都不可以说一句话。”这位先生觉得，这个要求很简单。于是，耶稣下来，看门的先生上去，像耶稣被钉在十字架般地伸张双臂。

先生依照先前的约定，静默不语，聆听信友的心声。来往的人络绎不绝，他们的所求，有合理的，有不合理的，千奇百怪。但无论如何，那位先生都强忍下来没有说话，因为他必须信守先前的承诺。

有一天来了一位富商，当富商祈祷完毕之后，竟然忘记将手边的钱拿去。先生看在眼里，真想叫这位富商回来，但是，他憋着不能说。接着来了一位三餐不继的穷人，他祈祷耶稣能帮助自己渡过生活的难关。当他要离去的时候，发现先前那位富商留下的袋子，打开发现里面全是钱。穷人高兴极了，耶稣真好，有求必应，万分感谢之后就离开了。十字架上伪装的耶稣看在眼里，想告诉他，这不是你的。但是，约定在先，他仍然憋着不能说。

接下来有一位要出海远航的年轻人来了，他来祈求耶稣降福佑他平安。正要他离去的时候，富商冲进来了，他怀疑年轻人拿走了自己的钱，两人吵了起来。这时十字架上伪装的耶稣再也憋不住了，他开口说话了。事情清楚了，富商去寻找那位穷人去了，而年轻人则匆匆离开了。

人都走了，伪装成看门的耶稣出现了，指着十字架说："你下来吧！那个位置你没有资格了。"看门人说："我把真相说出来，主持公道，难道不对吗？"耶稣说："你懂什么！那位富商并不缺钱，他那袋钱不过用来嫖妓；可是对那穷人，却可以挽回一家大小的生计；最可怜的是那位年轻人，如果富商一直纠缠下去，延误了他出海的时间，他还能保住一条命，而现在，他所搭乘的船正沉入大海中。"

在生活中，我们常常自以为怎么样才是最好的，却往往事与愿违，使我们意不能平。其实，不管我们处于什么样的境地，我们都应该相信，目前我们所拥有的，不论是顺境还是逆境，那都是对我们最好的安排。只有这样，我们才能更全面地看待生活中的苦与乐，也才更容易感受到幸福的滋味。

对于每个人而言，生活是多面性的。当我们抱怨其不公平之处的时候，往往忽视了生活中美好的一面。对此，在生活中，我们需要多维度看待生活，这样才能更真切地领悟到幸福的感觉。

对话自己

生活中，不公平的事情处处皆是，如果我们凡事都较真，抓着自己所受的不公平待遇不放，那我们所感受到的只能是痛苦，而非幸福。所以，

放下心中的固执，不要再为生活的不平较真，这样我们自然能体会到幸福的甘甜。

别抱怨不公，还是做点什么

英国著名作家奥利弗·哥尔德斯密斯曾说：“与抱怨的嘴唇相比，你的行动是一位更好的布道师。”与其抱怨，不如从此刻开始行动。面对生活里的一丁点儿不如意，人们最普遍的习惯是抱怨，不停地抱怨，抱怨父母不理解，抱怨社会太现实，抱怨朋友的欺骗，于是，抱怨成为了一种习惯，然而，那些不如意的事情、悬而未决的事情并没有得到真正的解决，自己的情绪反而因为抱怨而陷入了恶性循环，这就是抱怨所带来的负面影响。我们所生活的世界每天都在发生变化，关键的是，我们自己给这个世界带来了什么样的变化?

对于大多数人来说，每天所做的最多的事情就是抱怨这样或那样，这些情绪会逐渐形成负面的改变。对此，心理学家认为，学会关注他人，尊重他人，为其提供礼貌、周到的服务，则会造成积极的改变。所以，停止抱怨，将这样一种怨气转化为实际行动，从此刻开始改变吧!

王小姐是公司负责企划案的经理，最近手头刚刚接了一个企划案，可是，需要另外一个部门的配合才能有效地执行方案。然而，令王小姐感到苦恼的是，自己的搭档因为觉得所附加的工作量太大，不愿意去做，还责怪王小姐：“我最近都很忙啊，你还拿这样的企划案来找我，真是没事找事。”王小姐一肚子怒火，忍不住找同事抱怨：“咱们都是为工作，我们行，她怎么就不行呢?”说着说着，王小姐发现自己的怒火越来越大，甚至于一看见那个部门的员工，心中的火气就“腾”地一下冒起来了。

不过，抱怨了许久事情还是没有解决，王小姐意识到这根本不能解决问题，自己需要沟通。她心想：抱怨毕竟只是发泄，解决不了问题，既然

是为了工作，那就是对事不对人，我得找她沟通去。后来，王小姐找了一个机会把自己的意图跟工作中的搭档解释了一下，对方竟欣然接受了即使加班也要完成工作的要求。工作任务完成之后，王小姐长长舒了一口气，说道："如果当初我继续抱怨下去，就会影响我跟她继续合作的情绪，工作肯定完成不了，看来，以后，我得少抱怨，多行动才行呐！"

有时候，我们在工作中会遇到一些人际麻烦，有人的处理方式是跟其他人抱怨，这无疑是制造了一个"三角问题"，自己和工作搭档有问题，却和另外一个人去讨论这些事情。事实证明，一味地抱怨根本解决不了问题，改变事情现状最有效的方式是行动，而只有行动才能改变事情。所以，请停止抱怨，放弃抱怨，从此刻开始行动吧！

从前，有一位年老的印度大师，在他身边有一个喜欢抱怨的弟子。有一天，印度大师让这个弟子去买盐，等到弟子回来后，大师吩咐这个喜欢抱怨的弟子抓一把盐放在一杯水中，然后喝了那杯水，弟子按照师傅的吩咐一一做了，大师问道："味道如何？"呲牙咧嘴的弟子吐了口唾沫，说道："苦！"

大师一句话没说，又吩咐弟子把剩下的盐都洒入了附近的一个湖里，听从师傅的吩咐，弟子将盐倒进湖里。大师说："你再尝尝湖水。"弟子用手捧了一口湖水，尝了尝，大师问道："什么味道？"弟子回答说："味道很新鲜。"大师继续追问："那你尝到咸味了吗？"弟子回答说："没有。"

这时，大师才微微一笑，说道："其实，生命中的痛苦就像是盐，不多，也不少，在生活中，我们所遇到的痛苦就这么多，但是，我们体验到的痛苦却取决于将它放在多么大的容器里。所以，面对生活中的不如意，不要成为一个杯子，老是抱怨；而要成为湖泊，去包容它，通过实际行动来改变自己的现状。"弟子若有所悟地点点头。

什么是抱怨呢？有人说这是一种宣泄，一种心理平衡，似乎抱怨可以将那些不如意的事情发泄出来。每天，每个人都可能会面对许多不如意的事情，如果只是一时的抱怨，这还可以接受，但是，抱怨久了就会形成习惯，而抱怨的根源是对现实的不满意。一个人来到这个世界上，面对生活

中的诸多不如意，我们只有两个选择，要么接受，要么改变。

从前，在魏国东门有个姓吴的人，他的独生儿子死了，可是，他看起来却一点都不伤心，仍每天早出劳作，快乐自在。有人对此感到不解："你的爱子死了，永远也见不着了，难道你一点也不悲伤吗？"那位姓吴的人却回答说："我本来没有儿子，后来生了儿子，如今儿子死了，不是正和我以前没有儿子时一样吗？每天那些农活依然是我的工作，我又何必去忧伤呢？花费时间去伤心，不如将这样的精力投入到实际行动中来。"

阿尔伯特·哈伯德曾说："如果你犯了一个错误，这个世界或许将会原谅你，但如果你未做任何行动，这个世界甚至自己都不会原谅你。"抱怨，它只是一种语言而不是行动，当一个人过多地被语言困扰的时候，他会失去行动力。当然，将抱怨转化为动力，我们还需要拥有广阔的胸襟，只有看透了抱怨的实质，我们才有可能将怨气化为动力。

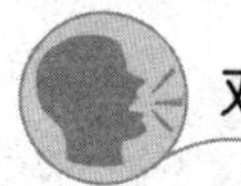

对话自己

抱怨会成为接受事实的一个阻碍，我们总是想到：这件事对我是不公平的，这样的事情怎么会发生在我的身上呢？我怎么能接受这样的事情呢？所以，一种强烈的倾诉欲望开始萌发，我要去对别人诉说，以此证明我的无辜和委屈，于是，在我们抱怨的时候，我们已经失去了去改变这件事情的机会。那么，当我们无休止抱怨的时候，有没有想过比抱怨更好的解决方法呢？

人生要看得开，才会觉得处处是美好

有人说："处于不幸中，垂头丧气显然于事无补，我们要做的，除了坦然面对之外，能改变的，只有自己的心。"当生活的不幸来临的时候，积极的心态是一个人战胜一切艰难困苦、走向成功的助推器。人要看得开，人就不会败。积极的心态，能激发人们自身的所有聪明才智，而消极的心态，就好似缠住昆虫翅膀的蜘蛛网一样，不断地束缚人们才华的施展。

在不幸面前，有的人越过越好，而有的人却从此一蹶不振，其实，这两者的区别在于心态的差异：前者所拥有的是积极的心态，而后者却总是呈现出消极心态。当然，心态是个人的选择，有积极心态的人往往会处于不败之中，一个人若是有了积极乐观的心态，那么，战胜不幸对于他来说就很容易了。

这是一个遭遇不幸的家庭，丈夫原来是一家工厂的职工，乖巧懂事的儿子正在读高中。不过，这一切全因为妻子生病而毁了，如今，妻子瘫痪在床，生活不能自理。为此，丈夫不得不辞去工厂的工作，在家里陪着妻子。

看到家里这种情况，懂事的儿子要辍学打工，但是，父母坚决不同意。爸爸对儿子说："如果你不念书了，你妈妈会觉得连累了你，心里会多么难过。你是咱家最大的希望，现在咱们苦点，等你将来考上大学，毕业后找份好工作，咱们不就翻身了吗？再说家里还有我呢！咱们两个都是男人，这个时候都需要坚强起来，没有过不去的火焰山。"儿子最终没有辍学，学校得知情况后，免去了他的学费。

但是，一家人总是要吃饭的，仅仅靠着政府救济是解决不了问题的。丈夫要照顾妻子，不能出去工作，他就在家里弄了一个小作坊，利用自己的手艺做些小工艺品，卖给街上的商店，商店再卖给来旅游的游客。后来，妻子也加入到其中，夫妻俩在家里一边做工艺品，一边说说笑笑，丝毫看不出生活带来的痛苦。

丈夫总是很幸福地对妻子说："我觉得我们很幸福，天天都在一起，同劳动同吃饭，多好。"丈夫还学会了按摩，每天坚持给妻子按摩两个小时，妻子的病情大有好转，瘫痪的双腿渐渐有了知觉。

如今，妻子在拐杖的支撑下试着练习走路，尽管很痛苦，但妻子还是每天咬牙坚持练习。她说："尽管医生说过我的双腿不可能再恢复了，但

我还是想试试看，奇迹不都是人创造出来的吗？我也试试看能不能创造出一个奇迹。”

或许，看完这个故事，你根本想象不到这是一个遭遇不幸的家庭，他们跟所有幸福的家庭一样，没有什么痛苦。什么是不幸呢？心若看开，人就永远不会败。积极乐观的心态是成功的起点，消极的心态是失败的源泉。

对于我们每个人来说，生活和事业不可能一帆风顺，常常会遇到各种困难和挫折，我们必须永远怀有事情还会有转机的乐观心态，才能战胜逆境获得成功。

刘悦是一个乐观的人，无论生活给他带来什么样的挑战，他总能看到其中的美好。

有一次，刘悦搬到了一个非常拥挤的小屋。朋友们都为他感到难过，因为那里的空间非常狭小，生活条件也很差。但刘悦却笑着说：“这里虽然小，但能和朋友们一起交流思想和感情，我觉得很温暖。”他总是能在有限的空间里找到快乐。

后来，刘悦搬到了一个底层房间，那里潮湿、阴暗，还经常有老鼠出没。朋友们担心他会不开心，但刘悦却说：“住在一楼真好，不用爬楼梯，搬东西也方便。而且，我还能在院子里种些花和菜，生活充满了乐趣。”他用自己的乐观态度，把一个糟糕的地方变成了一个充满希望的家。

再后来，刘悦搬到了七楼的一个房间。这次，他需要爬很多楼梯，朋友们都担心他会觉得累。但刘悦依然笑着说：“爬楼梯可以锻炼身体，而且这里的光线很好，也很安静，我可以在这里好好读书、写作。”他总是能在每一个阶段发现生活中的美好。

刘悦的故事告诉我们，人生中的困境并不可怕，关键在于我们的心态。当我们学会看开，用积极的眼光看待生活中的每一件事时，就会发现人生处处都有美好。

积极的心态使人看到希望，保持进取的旺盛斗志；消极心态使人沮丧、失望、限制和扼杀自己的潜能。积极的心态创造人生；消极的心态消耗人生。

西部“牛仔大王”李维斯的西部发迹史充满坎坷，充满传奇。他的制胜“法宝”是：每当受到挫折，遭受打击时，绝不抱怨，并且非常兴奋地对自己说：“太棒了！这样的事竟然发生在我的身上，又给了我一次成长的机会。”

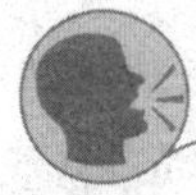

对话自己

在遭遇不幸的时候，选择积极的心态，就等于选择了成功的希望；选择消极的心态，就注定了要走入失败的沼泽。如果你想摆脱不幸，就必须摒弃那种扼杀你的潜能、摧毁你的希望的消极心态。

第03章　人心不知足，拾一份岁月静好

凡事喜欢就争取，得到就珍惜，错过就忘记。生活其实很简单，人生本来也并不复杂。复杂的莫过于人心不知足，理想与现实的差距。人心何时懂得知足，何时才能迎来幸福。人心若知足，生活亦处处是风景。

欲望是人生最危险的陷阱

人生就是一场奇怪的旅程。有的人跌跌撞撞，在人生中迷失了自己的方向；有的人怡然自乐，微笑面对生活，把握了人生的幸福。也许，你会感到疑惑：怎么会出现这样迥然不同的局面？因为，在人生的旅途中，除了美丽的风景，还有很多的诱惑，而每个人内心都有一个魔鬼，那就是欲望。当那些诱惑出现在你面前时，就会激发起你内心的欲望，为了满足内心的欲望，你会奋不顾身、倾尽一生，极力追求着，所以，你会在人生的路上跌跌撞撞，失去自我，痛苦地煎熬着。

每个人都有这样或那样的各种欲望，有的人喜欢权力，有的人喜欢金钱，有的人渴望幸福，有的人渴望快乐。在人们的生活中，缺少着什么他们就渴望着什么，而且这样的欲望是惊人的。因为欲望本身的特点就是难以满足，不断地循环下去，欲望越滚越大，扭曲了内心，人就成为了欲望的奴隶。欲望无边境，一切适可而止吧。

于连出生在小城维立叶尔郊区的一个锯木厂家庭，从小身体瘦弱，在家中被看成是“不会挣钱”的不中用的人，经常遭到父兄的打骂和奚落。卑贱的出生使他常常受到社会的歧视，对此，他从小就聪明好学，在一位拿破仑时代老军医的影响下，崇拜拿破仑，幻想着通过“入军界、穿军装、走一条红”的道路来建功立业、飞黄腾达。

在14岁时，于连想借助革命建功立业的幻想破灭了。这时他不得不选择“黑”的道路，幻想进入修道院，穿起教士黑袍，希望自己成为一名“年俸十万法郎的大主教”。18岁，于连到了市长家中担任家庭教师，而

市长只将他看成是拿工钱的奴仆。在名利的诱惑下，他开始接触市长夫人，并成为了市长夫人的情人。

后来，与市长夫人的关系暴露之后，他进入了贝尚松神学院，投奔了院长，当上了神学院的讲师。后因教会内部的派系斗争，彼拉院长被排挤出神学院，于连只得随彼拉来巴黎，当上了极端保皇党领袖木尔侯爵的私人秘书。他因沉静、聪明和善于谄媚，得到了木尔侯爵的器重；以渊博的学识与优雅的气质，又赢得了侯爵女儿玛蒂尔小姐的羡慕。尽管不爱玛蒂尔，但他为了抓住这块实现野心的跳板，竟使用诡计占有了她。得知女儿已经怀孕后，侯爵不得不同意这门婚事。于连为此获得一个骑士称号，一份田产和一个骠骑兵中尉的军衔。于连通过虚伪的手段获得了暂时的成功。然而，尽管他为了跻身上层社会用尽心机，不择手段，最终却功亏一篑，付出了生命的代价。

有人说，于连身上有着两面性的性格特征。于连最后在狱中也承认自己的身上实际有两个我：一个我是“追逐耀眼的东西”，另一个我则表现出“质朴的品质”。在追逐名利的过程中，真实的于连与虚伪的于连互相争斗，当然，他本人内心也是异常痛苦的，最终因不断地追求名利，让自己心力交瘁。

欲望就像毒品，是会上瘾的，当你获得了一次满足之后，就会不断地涌现更多的欲望，那根本就是一个无法填满的无底洞。当然，每个人都有一定的欲望，这是正常的，可以促进我们不断地奋进，也是一种自我肯定。但是，如果你的欲望过于强烈，就不再是对自己存在的肯定，相反会进而否定或取消别人的存在。人被欲望所控制着，就会成为欲望的奴隶。学会放下欲望的人是自由的，因为没有了禁锢，没有了烦恼，所以是自由的。也许，在你的心中也会有种种的欲望，或金钱，或权力，但是，如果你要想赢得自己的人生，赢得幸福，那就放下欲望，适可而止。

谁也不记得欲望是怎么来的，它似乎是人类与生俱来的。即便是一个刚刚诞生的小生命，随着时间的发展，欲望也会在他身上不断地演变和繁殖。有物质上的衣食住行，有精神上的尊重、认可、快乐、自信、幸福、自由，这些不同的欲望在不同时间不同地点不同人身上尽情表演着，构成了精彩纷呈的世界，点缀了千姿百态的人生。

人类是欲望的产物，而生命则是欲望的延续，人不可能没有欲望。欲望也不会停止，它会伴随着人的一生。欲望的存在是无可厚非的，但是，人类是高级动物，可以控制自己的欲望，甚至放下自己的欲望，这也是可以做到的。一个人就像是一条欲望的溪流，它流淌的不是溪水，而是人的各种欲望。

欲望如水，能载舟，也能覆舟，就看你如何去对待了。很多时候，我们抱怨生活太痛苦，其实这就是内心的欲望无形之中为自己戴上了枷锁，禁锢了自己的自由与生命。当你感到沉重的时候，不妨放下内心的欲望，跨越生命，赢得自己的人生。

人生烦恼源于名利的诱惑

名利，多么具有诱惑力的一个字眼，同时，这也是很多人立足社会、搏击人生的动力。自古以来，名利就是许多人一生的奋斗目标，多少人为了光宗耀祖而削尖了脑袋挤进官宦之途，多少人因为人生的不得意而郁郁寡欢。但是，在名利场上，春风得意、踌躇满志的人毕竟是少数，大多数人为名利而困恼，为那些自己不得到的名利而较真。

其实，人生的道路本来很宽阔，如果我们把眼光全放在名利上面，那只会让我们的道路越走越狭窄。我们只有敢于抛下名利，才能活出真的自在。

从古至今，人们对功名利禄的向往都很强烈，特别是居高位者，很容

易在权力欲望中迷失，最终变得疯癫。不过，曾国藩却说：“为官应当只问耕耘，不问收获。”这其中的淡然之心，可以说令人敬佩。而正是这样将名利抛下的心理，让他最终得以保身。

淡泊者不求名利，曾国藩就此作出解释：“淡泊二字最好，淡，恬淡也；泊，安泊也。恬淡安泊，无他妄念也。此心多快乐啊！而趋炎附势，蝇头微利，则心智日益蹉跎也。”曾国藩是一个清醒的人，他认为：“乱世之名，以少取为贵。”人生在乱世，世态发展皆在混乱之中，何谓富，何谓福，这都是难以说清楚的，所以人生还是少取为妙。他不仅懂得自己摆正心态，还严格约束家人：“教训儿孙妇女常常作家中无官之想。”

在功成名就之后，同治六年五月，曾国藩在家书中劝告欧阳夫人说：“居官不过是偶然之事，居家乃是长久之计，能从勤俭耕读上做好规模，虽一旦罢官，尚不失为兴旺气象。若贪图衙门之热闹，不立家乡之基业，则罢官之后便觉气象萧索，凡盛必有衰，不可不预为之计。望夫人教训儿孙妇女常常做家中无官之想，时时有谦恭省俭之意，则福泽悠长。”

冰心老人曾告诉我们：“人到无求，心自安宁。”从冰心老人一辈子的经历中，我们不难看出，清心寡欲，淡泊宁静，看淡功名利禄，正是她精神健康的奥秘。在半个多世纪中，冰心将杂念全部抛到脑后，一心扑在为孩子们的写作、交流上，而孩子们也带给她无限的安慰和喜悦。或许，正因为她心静如水，永远保持着童心，才使得自己在古稀之年也耳聪目明，思维敏捷。淡泊以明志，宁静以致远，只有如此，我们才会活得洒脱自在。

庄子曾面临着这样的选择：前面是清波粼粼的濮水以及水中从容不迫的游鱼，背后则是楚国的官位——两者巨大的差距使这道选择题看起来十分容易。但是大概楚威王也知道庄子的脾气，所以用了一个“累”字，只是庄子要不要这种“累”？多少人在这种“累”中体味到权力给人的充实感和成就感？这是生命中不能承受之“重”。

濮水的清波吸引了他，他无暇回头看身后的权势。他那么不经意地推掉了在俗人看来千载难逢的发达机遇。他把这看成了无聊的打扰。他只问了两位衣着锦绣的大夫一个似乎毫不相关的问题："楚国水田里的乌龟，它们是愿意到楚王那里，让楚王用精致的竹箱装着它，用丝绸的巾饰覆盖它，珍藏在宗庙里，用死来换取"留骨而贵"呢，还是愿意拖着尾巴在泥水里自由自在地活着呢？"两位大夫回答说："宁愿拖着尾巴在泥水中活着。"庄子曰："往矣！吾将曳尾于涂中。"

这个故事反映了庄子真实的心灵，庄子对于抛弃名利的坚持，让我们知道精神可以达到这样的境界。实际上，庄子的行为，确实让一代代"学而优则仕"的读书人在赢得世俗的成功的同时，内心总会生出一种秘而不宣的羞耻感，以及一种受名利驱使的无奈感。

一个人假如具备抛弃名利的人生态度，面对生活，他就会比常人更容易找到乐观的一面。他所看到的就是生活的美好，他不再对那些可望不可即的空中楼阁感兴趣。在纷繁的世界中，不去较真名利的争夺，在自己的心田，构筑一片宁静的田园，你自然会体验到简单的快乐。

陶渊明伴着"庄生晓梦迷蝴蝶"中翩翩起舞的蝴蝶，在东篱之下悠然采菊，面对南山，陶渊明选择忘记，遗忘那些官场中的丑恶，与仕途的不达，清新淡雅，与世无争，为自己寻回了一方心灵的净土。超脱于名利之外，活得一身轻松。

不断放下让生命轻装

曾经有位哲人说："当我们前行的时候，需要放下重负，让自己的心变得轻盈，这样才能更好地前行。"重负，有可能是我们心灵上的包袱，也有可能是我们肩膀上的负重，但不论是哪里存在的负担，这都将阻碍我

们继续前行，甚至会让我们身心疲惫不堪。在人生的道路上，有的人因为负荷太重而步履维艰；有的人因为欲壑难填而疲于奔命；有的人因为深陷其中而难以自拔。

如果你想要自己所走的每一步充实而轻盈，那么，适时放下一些重负，让自己的人生变得轻盈起来吧！生命如舟，载不动太多的物欲和虚荣，假如你不想让这生命之舟搁浅或者沉没，那就应该放下重负，让自己轻松前行。

小宋从小就喜欢画画，经常拿着笔在墙上、报纸上涂画着五颜六色，妈妈看见了，就把他送到了美术班里学习。长大后的小宋更加喜欢绘画了，高考那年，他费尽口舌说服了妈妈，让自己报考美术学院。在大学里，小宋描画着自己的蓝图，他会坚持下去，通过画画挣钱来让妈妈幸福。

大学毕业后，小宋开始找工作了。他整天奔波于各家报社，希望能够成为报社的一名美术编辑，可是，各家报社的总编都以种种理由拒绝了他的求职申请。在多次碰壁之后，他绝望了，本来希望通过自己的一技之长来给妈妈幸福的生活，却发现社会根本没有自己的容身之地，甚至连养活自己都已经很困难了。在现实的残酷打击下，他开始愈加颓废了，妈妈心疼地说："你既然那么喜欢画画，不如自己开一间画室吧。"小宋听了，觉得心里很难受，当初是想通过找份工作继续自己的绘画创作，现在却需要自己的这份才华去养家糊口。这样一种矛盾的心理一直在纠结着，让小宋觉得自己身上好像背负了一块大石头。

思索了很久，小宋决定放下心中的重负，自己开一间画室。于是，他向亲戚朋友借了十几万，再加上妈妈的积蓄，开了一间属于自己的画室，既教小朋友画画，又出售自己的作品。几年之后，小宋的画室成为了这个城市有名的美术培训学校，他不仅还清了所有的欠债，还拥有了自己的房子、车子和存折上不小的数字，当初给妈妈许下的承诺也实现了。他每天在教画之余，用心地钻研自己的作品，也逐渐提高了自己的绘画水平，在美术界里，也成为了小有名气的画家。

对于绝大多数人而言，面对沉重的负荷，以及自己梦想得到的东西，他们无法放手，他们会本能地抓住那些东西，唯恐失去。在难以割舍之下，如果真的失去了，他们就会为得不到而烦恼，郁郁寡欢。小宋适时放下心中的重负，既解决了眼前的生活问题，又为自己实现梦想奠定了基础。

曾经有个人，总埋怨生活的压力太大，生活的担子太重，他试图放下担子。他觉得很累，透不过气来。他听人说，哲人柏拉图可以帮助别人解决问题。于是，他便去请教柏拉图。柏拉图听完了他的故事，给了他一个空篓子，说："背起这个篓子，朝山顶去。可你每走一步，必须捡起一块最美丽的石头放进篓子里。等你到了山顶的时候，你自然会知道解救你自己的方法。去吧！去找寻你的答案吧……"于是，年轻人开始了他寻找答案的旅程!

刚上道，他精力充沛，一路上蹦蹦跳跳，把自己认为最好的、最美的石头，都一个一个扔进篓子里。每扔进一个，便觉得自己拥有了一件世上最美丽的东西，很充实，很快乐。于是，他在欢笑嬉戏中走完了旅程的1/3。可是，空篓子里的东西多了起来，也渐渐重了起来。他开始感到，篓子在肩上越来越沉。但他很执着，仍一如既往地前进。

而最后一个1/3的旅程确实是让他吃尽了苦头。他已经无暇顾及那些世界上最美丽、最惹人怜爱的东西了。为了不让沉重的篓子变得更重，他毅然舍弃了这些，只是挑选了些非常轻的、非常需要的或是必不可少的东西放进篓子。他深知，这样的舍弃是必要的。然而，无论他挑多轻的东西放入篓子，篓子的重量也丝毫不会减少，它只会加重，再加重，直到他无力承受。但最后，他还是背着篓子，艰难地踏上了这最后的1/3旅程。

俗话说："远路无轻物。"在人生的道路上，如果我们负重前行，越行越远的时候，我们会感到举步维艰，虽然会抱怨自己怎么会选择了这么多东西，却还是不舍得放手。但直至终点，打开担子，我们才发现：那些曾经我们以为得不到的东西，现在对我们而言却是无用的东西。

有时候，心灵的重负才是真正阻碍我们前行的绊脚石，如果我们总是纠结于内心，无法放下某些欲望，那我们是难以保持轻松的姿态前行的。因此，不要纠结于自己的内心，让不堪重负的心灵变得轻盈起来。

当我们无法得到的时候，放下也是一种智慧。生活中需要我们坚持的东西太多，以至于我们承受不了现实给我们的压力，那么不妨学会放下一些东西，这是一种生存的智慧。因为只有放下了某些东西，你才会重新得到一些东西。

只须看到自己拥有的

有人说：“世间最珍贵的是‘得不到’和‘已失去’。”人们用尽了一辈子去验证这句话，可到了迟暮之年，他们才发现：原来，世间最珍贵的不是“得不到”和“已失去”，而是现在能把握的幸福。流年似水，人生苦短，世界上的许多人，固执地为了追求自己得不到或已经失去的东西，而放弃了眼前唾手可得的幸福，这是多么不值得啊！

孟子曰：“鱼，我所欲也；熊掌，亦我所欲也。二者不可得兼，舍鱼而取熊掌者也。生，亦我所欲也；义，亦我所欲也。二者不可得兼，舍生而取义者也。”漫漫人生路上，我们总是面对着得与失的艰难抉择，得与失就如同一对生死兄弟，我们不能只选择其一，有得必有失，有失必有得，这就是哲理所在。其实，在很多时候，我们没有必要去计较得失，只要你怀着一颗感恩的心，珍惜眼前的生活，那么，你将获得更多。

有一个朋友，婚姻已经走过了十个年头了，其间经过的磕磕绊绊风风雨雨自然是不必提，多少次横眉冷对，多少次咬牙切齿，多少次都在怀疑能否并肩到最后。

有一次，夫妻两人在路上意外遭遇车祸处理现场，由于货车司机疲劳驾驶，汽车冲进了路旁的山沟里，满车的货物碎成了一堆残片，而驾驶室里的三个人已经血肉模糊，甚至无法看清容颜。这起车祸发生了六个多小时，死者的身份依旧无法确认。

忽然之间，夫妻俩有了醒悟：平日争吵的内容无外都是一些鸡毛蒜皮的小事，而造成的结果却是互相埋怨，甚至是恶毒的咒骂。见了如此惨景，难道不该庆幸自己还活着吗？不该庆幸自己有一个温馨的家庭吗？难道不应该互相珍惜吗？

从这以后，依然清贫的小家充满了欢声笑语。

世事变幻风云莫测，祸福旦夕，谁也无法预测，唯有珍惜眼前拥有的幸福。如果你常常抱怨自己失去得太多，那么，不妨豁达一些，珍惜眼前，你就会发现：自己拥有的，并不比别人少。

人的幸福感永远都是在比较中产生的，幸福通常是感觉不到的，而我们感觉到的常常是不幸福。一个人可以健康地呼吸，他会认为这是最自然的事情，但是，忽然有一天，他生病了，才明白自由地呼吸是一件多么幸福的事情。其实，他没有得到什么，也没有失去什么，但是，经历过之后往往会更懂得珍惜眼前的生活以及自己所拥有的一切。

一个学生向苏格拉底请教，世界上什么东西最宝贵。苏格拉底没有直接回答，他领着他去访问了一个在河边晒太阳的人。年轻人向老人提出了同样的问题，老人颤颤巍巍地站了起来，羡慕地盯着年轻人容光焕发的脸庞说："在我看来，世间再没有什么东西比青春更宝贵了。瞧，你拥有青春多么好！可惜，青春对每个人来说只有一次，我不可能再拥有它了！"

他们一路访问下去，那些拥有权力的人渴望友情；精神压抑的人渴望快乐；门庭若市的人渴望宁静。尽管人们的回答各不相同，有一点却是很相似：那些最宝贵的东西，都是已经失去和即将失去的东西。

这时，苏格拉底说："孩子，世界上的许多东西其实都是十分宝贵的。当我们拥有它的时候浑然不觉，而一旦失去它，便感到它的宝贵了。所以，我们应该学会珍惜，珍惜我们的拥有。"

学会珍惜，这四个看似简单的字，组合在一起，却变成了一个意义涵广的话题。大海广阔无垠，因为它珍惜每一条小溪；群山连绵巍峨，因为

它珍惜每一块砾石；树叶繁荣枝茂，因为它珍惜每一缕阳光。人生在世，有许多需要珍惜的东西，但是，人们往往在拥有时不懂得珍惜，在失去之后，才会想到珍惜，但为时已晚。

有人最喜欢木棉花，因为它有美好的花语——珍惜眼前的幸福。身患重病的人会觉得健康是一种幸福，骨肉分离的人会觉得合家团聚是一种幸福。许多在雨夜中赶路被淋得浑身湿透的人都有过这样的感受，当他走进一家亮着灯的小店铺时，一碗热汤给人的幸福感往往是刻骨铭心的。为什么一定要等到失去才学会珍惜呢？人生总有得失，我们需要学会珍惜，懂得珍惜，这样才能使我们的生活多几分甜美，少一些遗憾，多几分幸福，少一些痛悔。

对话自己

在生活中，我们经常会感叹健康、自由、亲情、友情等都是极大的幸福，但是，我们在拥有它们的时候，并不知道珍惜。内心欲望的驱使，使得我们想获得更多的东西，其实，我们得到的已经很多，只是不懂得珍惜而已。

得不到的本不属于你

人生本来就是一个体验的过程，得与失，不过是处在永恒的变化中。昨天得不到，并不意味着今天不会拥有；即使今天拥有了，也不意味着明天不会失去。即便是永恒，也只会在拥有的那一刹那。珍惜现在所拥有的一切，这才是我们所需要的、最好的方式。有人说“得不到”和“已失去”的才是最好的，可能我们在不同的时间也会发出这样的感慨。那些没有实现的愿望，它们具有强大的力量，这样的力量就好像魔咒一般，笼罩在我们的头上，令我们迷恋水中花、镜中月，让我们对身边唾手可得的幸福和快乐视而不见。

如果我们能静下心来思考，那些就会发现，得不到、已失去的东西其实只是源于对没有实现的愿望的渴望。即便我们放弃现在所拥有的一些东西，不顾后果地想尽办法得到了那些当初未能得到的东西，把那些失去的东西找了回来，谁又能保证且诚实地说这些东西就是我们真正所需要的呢?

从前，有一座圆音寺，每天都有许多人上香拜佛，香火很旺。在圆音寺庙前的横梁上有个蜘蛛结了张网，由于每天都受到香火和虔诚的祭拜的熏陶，蛛蛛便有了佛性。经过了1000多年的修炼，蛛蛛佛性增加了不少。

忽然有一天，佛祖光临了圆音寺，看见这里香火甚旺，十分高兴。离开寺庙的时候，不经易间地抬头，看见了横梁上的蛛蛛。佛祖停下来，问这只蜘蛛："你我相见总算是有缘，我来问你个问题，看你修炼了这1000多年来，有什么真知灼见。怎么样？"

蜘蛛遇见佛祖很是高兴，连忙答应了。佛祖问："世间什么才是最珍贵的？"蜘蛛想了想，回答道："世间最珍贵的是'得不到'和'已失去'。"佛祖点了点头，离开了。

又过了1000年，有一天，刮起了大风，风将一滴甘露吹到了蜘蛛网上。蜘蛛望着甘露，见它晶莹透亮，很漂亮，顿生喜爱之意。蜘蛛每天看着甘露很开心，它觉得这是3000年来最开心的几天。突然，又刮起了一阵大风，将甘露吹走了。蜘蛛一下子觉得失去了什么，感到很寂寞和难过。

这时佛祖又来了，问蜘蛛："这1000年，你可好好想过这个问题——世间什么才是最珍贵的？"蜘蛛想到了甘露，对佛祖说："世间最珍贵的是'得不到'和'已失去'。"佛祖说："好，既然你有这样的认识，我让你到人间走一遭吧。"

在人间，化身为女子的蜘蛛遇到了甘鹿，蛛儿很开心，终于可以和喜欢的人在一起了，但是甘鹿并没有表现出对她的喜爱。蛛儿对甘鹿说：

“你难道不曾记得16年前，圆音寺的蜘蛛网上的事情了吗？”甘鹿很诧异，说：“蛛儿姑娘，你漂亮，也很讨人喜欢，但你想象力未免丰富了一点吧。”几天后，皇帝下召，命新科状元甘鹿和长风公主完婚；蛛儿和太子芝草完婚。

这一消息对蛛儿如同晴空霹雳，几日来，她不吃不喝，穷究急思，灵魂就将出壳，生命危在旦夕。太子芝草知道了，急忙赶来，扑倒在床边，对奄奄一息的蛛儿说道：“那日，在后花园众姑娘中，我对你一见钟情，我苦求父皇，他才答应。如果你死了，那么我也就不活了。”说着就拿起了宝剑准备自刎。

就在这时，佛祖来了，他对快要出壳的蛛儿灵魂说：“蜘蛛，你可曾想过，甘露（甘鹿）是由谁带到你这里来的呢？是风（长风公主）带来的，最后也是风将它带走的。甘鹿是属于长风公主的，他对你不过是生命中的一段插曲。而太子芝草是当年圆音寺门前的一棵小草，他看了你三千年，爱慕了你三千年，你却从没有低下头看过它。蜘蛛，我再来问你，世间什么才是最珍贵的？”蜘蛛听了这些真相之后，好像一下子大彻大悟了，她对佛祖说：“世间最珍贵的不是‘得不到’和‘已失去’，而是现在能把握的幸福。”

得不到的让人渴望，已经失去的让人惋惜，这些我们都很在乎。不过，如果我们仔细回想，你会发现，我们不停地眺望远方根本不属于自己的一切，反而模糊了离我们最近的幸福。有人说，人生要活得有分寸，是你的终究是你的，不是你的抢过来也会离开你，何必让自己这样狼狈呢？失去东西，那是因为我们自己没有好好地珍惜，与其为失去的东西而后悔，还不如好好珍惜眼前的一切，这才是生活的真谛。

得不到的东西，那表示这根本不属于自己，又何必要强求呢？即便你强求来了，你也会发现自己并没有想象中的幸福；已经失去的东西，那已经过去了，即便你后悔再多，也挽回不了。与其为得不到和已失去而较真，不如好好珍惜当下所拥有的，这才是人生一大幸福。

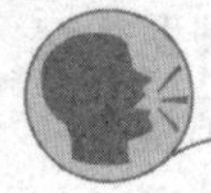

对话自己

人往往如此，得到的东西不珍惜，一旦失去才知道珍贵，漫漫人生，多少人感叹：覆水难收，后悔莫及。有时候，不是幸福太少，而是我们不懂得把握，并非得到越多就越幸福，幸福就是珍惜当下所拥有的，这样才不会给自己留遗憾。

第04章 自己不努力，将永远不会出色

海明威说：“优于别人，并不高贵，真正的高贵应该是优于过去的自己。”一个人不去努力又不尝试，你不永远不知道自己能干成什么，最终就是一事无成。如果说人生有不如意，那就是自己不努力，永远无法变得更出色。

忙碌不等于努力

日本女作家吉本芭娜娜出版了四十本小说和近三十本随笔集，《鲤》杂志曾采访过她："许多女人生了小孩之后就没有闲暇时间了，您现在有了孩子，是如何抽出时间来写作的呢？"吉本芭娜娜说："确实没什么时间，但是我一直在拼命。为了争取多一点的写作时间，每天我都在与时间赛跑，最夸张的时候，你能想象吗，我几乎是站着吃饭。"估计许多人看到这里会感到羞愧吧，比起吉本芭娜娜，许多人总是感慨自己时间不够、事情做不完，却从来不去利用那些零碎的时间。

犹太人洛克菲勒就是一位对工作异常勤奋的人。一天24个小时中，他的工作时间一般长走十五六个小时，超过了一天的大半时间。而有的时候，他甚至可以一天工作十八九个小时。而有人给他计算下来，他的一生中平均每周工作76个小时，只休息很短的时间。经常是别人已经下班了，他还在勤奋地工作。他常常对别人说："如果你什么都不想干，那一天工作8个小时就可以了；可是如果你想干点什么，那么当别人下班的时候，正是你工作的时候。"

别人问他："你怎么能一天工作20个小时？"他却说："一天工作20个小时怎么可以，我需要一天工作48个小时。"当人们看到他的时候，他总是在不停地忙于工作。于是凡是认识他的人都说洛克菲勒只有睡觉和吃饭的时候不谈工作，其余时间他都是泡在工作里。这位世界级的大富翁就是这样紧张而勤奋地工作着的，所以他才取得了举世瞩目的成就。

从来不说时间不够，保持勤勉的态度，是洛克菲勒成功的秘诀。洛克

菲勒之所以能够获得成功，就在于他始终如一地保持勤勉的态度，从来不以忙和没时间作为借口。他的勤勉已经成为了顽强的奋斗，在他的眼里，一天24小时都已经不够用了，他希望能在一天内工作更长的时间。犹太人认为，只有勤勉的人才能够尝到胜利的果实，只有勤勉的人才能够得到命运的眷顾。所以，洛克菲勒用自己的实际行动证明了这样一个道理，如果你是一个做事勤勉的人，那么成功就已经离你不远了。

美国职业篮球协会1994年至1995年赛季的最佳新秀杰森·基德，谈到自己成功的历程时说："我小时候，父亲常常带我去打保龄球。我打得不好，总是找借口解释为什么打不好，而不是去找原因。父亲就对我说'别再找借口了，这些不是理由，你保龄球打得不好是因为你总说没时间练习。'他说得对，现在我一发现自己的缺点便努力改正，绝不找借口搪塞。"

每次达拉斯小牛队练完球后，人们总是看到有个球员在球场内奔跑不辍一小时，一再练习投篮，那就是杰森·基德，因为他是一个为成功寻找理由的人。

成功与失败看起来似乎有天壤之别，但促成它们形成的原因，或许就是一些小小的细节，小小的习惯，比如常常为自己没有完成的事情而寻找借口，而大部分的借口则是"我很忙""我没时间"。失败是没有任何借口的，失败了就是失败了，我们在接受失败这个事实的同时，需要反省自己，而不是为失败寻找借口。当然，成功并不是随随便便就能达到的，我们必须付出艰辛的努力。在成功的道路上，我们要不断为之寻找理由，那些坚持、付出的汗水与艰辛都可以铸就最后的成功。

人们关于自己的未来总会有很多规划，但当他们未能完成时总向别人推诿："我最近很忙，根本没有时间。"而后迟迟不见有行为。但是如果你想有所获得，有所成就，做哪一件事不需要耗费时间呢？我们经常看到一些优秀年轻人，他们举手投足优雅，且写得一手好字，当你在羡慕对方的时候，是否想过对方为了培养仪态、练字又一个人度过了多少沉默时光呢？忙和没时间是最烂的借口，因为每个人的时间都是公平的，之所以会抱怨没时间，不过是因为你在其他事情上浪费了时间。

财经作家吴晓波说："每一件与众不同的绝世好东西，其实都是以无比寂寞的勤奋为前提的，要么是血，要么是汗，要么是大把大把的曼妙青春好时光。"只要倾力付出自己的努力，那早晚会从量变到质变，你现在走的每一个脚印，都会成为将来实现人生飞跃的跳板。人们总会订下许多计划，看书、运动、旅行等，却常常因没有时间而不得不放弃。

难道你的生活真的有那么忙吗？真相到底如何，我们自己心知肚明，别总以忙和没时间为借口，那不过是在给自己的懒惰找理由而已。你若坚持努力，一定会发光，因为时间是所向披靡的武器，聚沙成塔，能将人生一切的不可能都变成可能。

年轻，没有理由不努力

年轻人，如果你不是富二代，挣钱又不多，那你拿什么来享受生活呢？趁着年轻，努力一把，而不是安于现状，这样你才有能力为高品质生活买单。生活充斥着酸甜苦辣的味道，只有经历了苦辣之后，才能体会到生活的甘甜之味。年轻是美好的时光，你的选择不同，人生经历也会不同，有人选择安逸的生活，有人选择疯狂，有人选择在这美好的岁月里洒下汗水，种下希望，努力奋斗。

当然，努力并非说说而已，年轻人需要给自己制定目标，有一个良好的心态，努力学习，不断充电，对自己想做的事情有一种强烈的欲望。如果你无限渴望去做某件事情，那全世界都会给你正能量去实现。

安东尼·拉马纳出生于意大利西西里岛的一个小村庄里，家里有十个

兄弟姐妹，因此他不到12岁就到采石场干活了。不过，安东尼却不甘心接受主样的命运，于是他常常会利用一些休息的时间阅读有关西西里岛的历史和地理，并听老人们讲述岛屿的变迁。从书中，他看到了外面的世界与岛屿的差距，因此他在16岁那年，沿着山谷顺流而下，一直来到海边，随后跟着一艘货船来到了美国。

在22岁时，安东尼凭借着不懈的努力，获得了梦寐以求的证书——一张石匠工会卡，不久他便被选去在林肯的纪念碑上雕刻林肯在葛底斯堡的演讲词。在雕刻林肯的演讲词时，他深深地被林肯的人生经历所打动。他想：林肯这位生活艰辛，而最后靠着学习改变命运的伟人，早年生活几乎跟自己一样，不过后来他却当上了律师，最后竟当上了总统，那么自己是不是也会有功成名就的一天呢？他突然之间作了一个决定，决心要成为一名律师。对此，朋友都笑话他："你是林肯第二吧？安东尼，你看雕像看呆了。"

安东尼过去只在西西里岛的一所乡村小学读到五年级，想在华盛顿大学国家法律中心学习，这简直是痴人说梦，何况他还要在脚手架上连续工作10小时。但是他却没有退缩，一下班就去夜校补习英文，他的帆布兜里时刻都有锤子、午饭和课本。他常常匆匆忙忙地吃过午饭便抓紧时间读书，甚至有时候一手拿着书，一手拿着两片玉米饼，中间夹着一块咸猪肉坐在木头上边吃边学习。

终于，功夫不负有心人。安东尼考入了法律学校，但是，因为第二次世界大战爆发，他只得离开美国去同法西斯作战。回国后，他在很短的时间里连续获得了一个法学学士和一个法学硕士的学位，后来，他一直在纽约和华盛顿担任律师，工作十分出色。

有人曾问安东尼："读书、学习时，难道你不感觉到累吗？"他回答说："那不可能，因为每个人都必须自己去发现动力，并自己为动力确定具体的含义。"不感觉到累，是因为相信自己一定能行。即便自己被朋友嘲笑，他也从来没动摇过努力的决心。正因为对自己有绝对的信心，安东尼才得以成功。

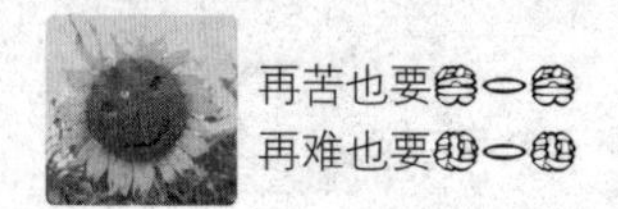

几十年前，在美国有一个十多岁的穷小子，他自小生长在贫民窟里，身体非常瘦弱，却立志长大后要做美国总统。如何实现这样的抱负呢？年纪轻轻的他，经过几天几夜的思索，拟定了这样一系列的连锁计划：

做美国总统首先要做美国州长——要竞选州长必须得到雄厚的财力支持——要获得财团的支持就一定得融入财团——要融入财团就需要娶一位豪门千金——要娶一位豪门千金必须成为名人——成为名人的快速方法就是做电影明星——做电影明星前得练好身体，练出阳刚之气。

按照这样的思路，他开始步步为营。一天，当他看到著名的体操运动主席库尔后，他相信练健美是强身健体的好办法，因而有了练健美的兴趣。他开始刻苦而持之以恒地练习健美，他渴望成为世界上最结实的男人。3年后，凭着发达的肌肉和健壮的体格，他开始成为健美先生。

在以后的几年中，他成了欧洲乃至世界健美先生。22岁时，他进入了美国好莱坞。在好莱坞，他花了十年时间，利用自己在体育方面的成就，一心塑造坚强不屈、百折不挠的硬汉形象。终于，他在演艺界声名鹊起，当他的电影事业如日中天时，女友的家庭在他们相恋九年后，终于接纳了他这位“黑脸庄稼人”。他的女友就是赫赫有名的肯尼迪总统的侄女。

婚姻生活过了十几个春秋，他与太太生育了四个孩子，建立了一个“五好”家庭。2003年，年逾57岁的他，告老退出了影坛，转而从政，并成功地竞选成为美国加州州长。

他就是阿诺德·施瓦辛格。他的经历告诉我们，目标要远大，经营自己的过程却要稳扎稳打，先在一个台阶上站好了，然后再瞄准下一步。

志存高远，这是一直被我们推崇的。但是在现实中，仅仅努力还远远不够。就如阿诺德·施瓦辛格一样，如何开动脑筋，尽快突破小目标，实现大目标，才是年轻人最应该重点费心思考的问题。根据阿诺德·施瓦辛格的成功经历，我们可以总结出这样一句话：从大处着眼，从小处着手，化整为零地循序渐进。作为年轻人，谁都妄想自己能一步登天，一夕成名，一下子便成为一个亿万富翁。有目标、有憧憬是好事，但善于规划才是硬道理。

人生不息，奋斗不止，只要你还年轻，就大胆勇敢地向前冲，只要坚定信念，成功就会在眼前。年轻人，只要梦想还在，那就在美好的岁月里保持前进的脚步吧！

年轻，没有理由不努力，与其在暮年擦拭悔恨的泪水，不如趁年轻努力一把。年轻人要敢想敢做，勇于付出，相信没有什么是做不到的，也没有什么能够难倒年轻的自己。

人生高度远不止于此

在生活中，许多人不敢追求成功，原因并不是追求不到成功，而是他们在还没有开始追逐之前就在心里默认了一个“高度”，这个高度常常暗示自己：成功是不可能的，这是没办法做到的。

“心理高度”成为了人们无法取得成功的根本原因之一。自我设限是一件很悲哀的事情，罐子里的跳蚤并非失去了跳跃的能力，而是它们在受挫之后变得麻木了，习惯了。所以，我们要将成功的信念注入血液之中，不断地告诉自己“我能行”“我努力就一定能成功”“我是最优秀的”，不断增强自信心，勇于向成功奋进。如果你不逼自己一把，那你根本无法想象你是多么出色。

1900年，著名教授普朗克和儿子在花园里散步，他看起来神情沮丧，遗憾地对儿子说：“孩子，十分遗憾，今天有个发现，它和牛顿的发现同样重要。”原来，他提出了量子力学假设以及普朗克公式，但是，由于他一直很崇拜并虔诚地奉牛顿理论为权威，而自己的发现将打破这一完美理论，他有些怀疑自己的判断，最终他宣布取消自己的假设。不久之后，25

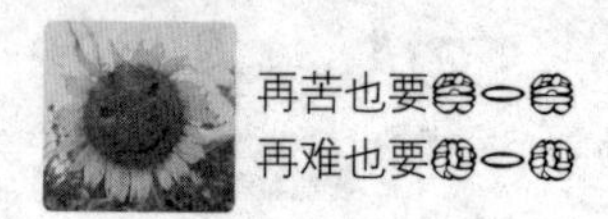

岁的爱因斯坦大胆假设，他赞赏普朗克假设并向纵深处引申，提出了光量子理论，奠定了量子力学的基础。随后，爱因斯坦又突破了牛顿绝对时空理论，创立了震惊世界的相对论，并一举成名。

对自己的怀疑，常常会让我们失去了成功的机会，或是让我们放慢了前进的脚步。普朗克对自己的怀疑，使整个物理理论停滞了几十年。所以，任何时候，都切莫怀疑自己，而应努力、勇敢地证明自己，这样我们才有可能站在成功的顶峰之上。

1796年的一天，在德国哥廷根大学，19岁的高斯吃完了晚饭，就开始做导师单独布置给自己的每天例行三道数学题。高斯很快就把前面两道题做完了，这时，他看到了第三道题：要求只用圆规和一把没有刻度的直尺，画出一个正17边形。高斯感到非常吃力，时间很快就过去了，但是，这道题还是没有一点进展，高斯绞尽脑汁，然而他很快发现自己学过的所有数学知识似乎都不能解答这道题。不过，这反而激起了高斯的斗志，他下决心：我一定要把它做出来！他拿起了圆规和直尺，一边思考一边在纸上画着，尝试着用一些常规的思路去找出答案。

天快亮了，高斯长舒了一口气，自己终于解答了这道难题。见到导师，高斯有点内疚："您给我布置的第三道题，我竟然做了整整一个通宵，我辜负了您对我的栽培……"导师接过了作业，当即惊呆了，他用颤抖的声音对高斯说："这是你自己做出来的吗？"高斯有点疑惑："是我做的，但是，我花了整整一个通宵。"导师激动地说："你知不知道，你解开了一道两千多年历史的数学题，阿基米德没有解决，牛顿没有解决，你竟然一个晚上就做出来了，你才是真正的天才！"原来，导师误把这道难题交给了高斯，每次高斯回忆起这一幕时，总是说："如果有人告诉我，这是一道两千多年历史的数学难题，我可能永远也没有信心将它解出来。"

我们应该永远记住一句话：你比自己想象中更优秀。因为我们每个人所拥有的潜能都是无穷的，我们所展现出来的只是九牛一毛，还有更多的潜力等待我们去挖掘。相信自己，多给自己一份肯定，自己永远比想象中

优秀一点，这样，你才能成功地挖掘出自己的潜在价值，从而使自己变得更优秀。

只要我们勇于去寻找真实的自我，激发出自己无穷的能量，就能够彰显自身的价值，这会让我们人生的每一刻都过得精彩。

许多人不明白自己的价值所在，也不知道自己到底具有多大的潜能，所以，他们也不知道自己到底会有多么伟大。事实上，一个人的价值有时候是显现的，但在很多时候都是隐藏的，而在每个人的身体里，都蕴藏着巨大的能量，这就是我们的价值所在。

所有的幸运都是努力换来的

许多人对身边那些做出成就的人总是抱以羡慕嫉妒的目光，从而感叹自己命运多舛，运气很差。这时，不防重新审视一下自己，真的是因为运气很差吗？运气往往与努力相连，如果足够努力，那好运自然会到来。在这个世界，没有无缘无故的好运，所有的好运都是努力而来的。做人做事有多大的力气，就会有多成功。永远记住一句话：越努力，越幸运。

请放下你的浮躁，放下你的懒惰，放下三分钟热度，放空容易受诱惑的大脑，移开容易被新奇事物吸引的眼睛，闭上喜欢聊八卦的嘴巴，静下心来好好努力。当你认真地努力之后，你会发现自己比想象中更优秀，好运也会在期待中降临。

1896年4月6日，现代奥运史上的第一个世界冠军诞生了，他就是来自美国哈佛大学的大学生詹姆斯·康纳利。

康纳利1895年被哈佛大学录取，学习古典文学。在学校时，他已经是当时全美三级跳远冠军了。听说奥运会即将在雅典举行，他便向学校请8周假前去参赛，但学校拒绝了他的要求。康纳利执意要到奥运会上一试身手，于是他离开了哈佛，自己争取到参加奥运会的资格，成为由11人组成的美国代表团的成员之一。

与他一同前去的其他美国同伴都是波士顿体育协会麾下的运动员，参赛是免费的。而康纳利太穷了，他享受不到这种待遇。他这次参赛是在一家很小的体育协会的赞助下才成行的。由于资金紧张，他花掉了自己仅有的700美元的积蓄，才登上了德国德福达号货船。

就在启航的前两天，他伤了后背，几乎毁了他的全部计划。幸运的是，在从纽约到那不勒斯的17天航行中，他的伤痊愈了。但是刚下船，他的钱包又被人偷走了。这还不算，更为糟糕的事接踵而来：因为希腊历制和西方历制不同，比赛在他们到达的第二天就开始了，而不是他们原以为的12天之后；而对他更为不利的是，他的三级跳远项目的起跳要求是单足跳、单足跳、起跳，而不是他从小练习的传统跳法单足跳、跨步、起跳。

4月6日下午，三级跳远比赛开始了。在其他运动员跳完之后，康纳利最后一个出场。他走到沙坑前，把帽子扔到了一个别的运动员跳不到的位置上，大声呼喊自己要跳到帽子那里去。他在跑道上加速，按照新的规则，先两个单足跳，然后起跳，最后落在比他的帽子更远的地方，跳出了13.71米的好成绩，成为当之无愧的现代奥运史上的第一个冠军。

1949年，哈佛大学试图与他和解，并授予他博士学位。

詹姆斯·康纳利很幸运吗？或许所有人都会这样觉得，但事实上你永远想象不到他背后的努力。并不是每个人都能在逆境中坚持自己的决定。面临着参加奥运会就要离开学校，且须自费参赛的严峻考验，詹姆斯·康纳利坚持自己的想法，最终博得了胜利。

正如一位哲人所言：成功者大都起始于不好的环境并经历过许多令人心碎的挣扎和奋斗。他们生命的转折点通常都是在危急时刻才降临。经历了这些沧桑之后，他们才具有了更健全的人格和更强大的力量。

在不少人眼里，莎莉是一个努力的女孩，她几乎一年365天都在工作。在几年前，她看起来还有点婴儿肥，现在却摇身一变成为了纤瘦励志女神。当然，莎莉的变化不仅仅在外表上，她还陆续推出了有影响力的作品，其能力也得到了大家的认可，可以说成为了圈内的劳模代表。

但是，面对这些变化，莎莉却说："我希望努力度过每天，做最棒的自己，努力是我一个很好的开始。"其实，莎莉从小没有想过自己会成为活跃在大荧幕上的明星。小时候莎莉的父母对她要求很严格，让她学画画、硬笔书法、琵琶等，涉猎广泛，在这个过程中莎莉慢慢明白努力有多么重要。父母经常对莎莉说："你可以不是第一名，但你一定是最努力的那一个。"所以，一直以来莎莉都坚信"越努力越幸运"，她希望通过自己的努力来赢得一次又一次的好运。她说："加倍努力，终于让我化茧成蝶。"

在通往成功的路途上，任何的抱怨都无济于事，任何的借口都是白搭，唯有努力才是真刀实枪的本事。努力的人，不用去寻找好运，因为他就是好运。越努力越好运，这确实是一个成功的奥秘。努力本身带给我们的有益的东西远远大于成功，在努力的过程中，不断磨炼，不断尝试，到成功那一天，所有的努力都会聚沙成塔，成就自我。

你知道吗？风往哪个方向吹，草就往哪个方向倒。人要做风，即便最后遍体鳞伤，也要长出翅膀，勇敢地飞翔。努力吧，在路上的人！

对话自己

一个人如果缺少棱角、缺少勇气，无法选择走自己的路，那他只能成为被风吹倒的草。所以，大胆去走自己的路。努力吧，总有一天，你会成为翱翔的雄鹰，繁华褪尽，剩下的只有荣光。

因为平凡，只能更努力

许多人觉得自己很平凡，能力很一般，先天条件的欠缺导致他们对自己丧失了信心，在他们看来，不管自己如何努力，最终都只会成为一个平庸的人。因为抱着这样的想法，所以他们不想去努力，浑浑噩噩地生活着，甚至有的人选择了自甘堕落的生活。

然而，他们全然忘记了成功的路从来不是一帆风顺的。许多人也曾迷茫过，也曾不知道未来究竟在哪里，但是，他们却以自己成功的经历告诉我们：相信梦想，梦想自然会回馈于你。努力比任何东西都来得真实，用坚韧换机遇，用时间换天分，哪怕走得很慢，但终会抵达。

有一个孩子想不明白为什么自己的同桌每次都能考第一，而自己却只能每次都排在他的后面。

回家后他问道：“妈妈，我是不是比别人笨？我觉得我和他一样听老师的话，一样认真地做作业，可是，为什么我总比他落后？”妈妈听了儿子的话，感觉到儿子开始有自尊心了，而这种自尊心正在被学校的排名伤害着。她望着儿子，没有回答，因为她不知道该怎么样回答。又一次考试后，孩子考了第20名，而他的同桌还是第一名。回家后，儿子又问了同样的问题。她真想说，人的智力确实有高低之分，考第一的人，脑子就是比一般人的灵。然而这样的回答，难道是孩子真想知道的答案吗？她庆幸自己没说出口。

应该怎样回答儿子的问题呢？有几次，她真想重复那几句被成千上万个父母重复了无数次的话——你太贪玩了；你在学习上还不够勤奋；和别人比起来还不够努力……以此来搪塞儿子。然而，像她儿子这样脑袋不够聪明、在班上成绩不甚突出的孩子，平时活得还不够幸苦吗？所以她没有

那么做，她想为儿子的问题找到一个完美的答案。

儿子小学毕业了，虽然他比过去更加刻苦，但依然没赶上他的同桌，不过与过去相比，他的成绩一直在提高。为了对儿子的进步表示赞赏，她带他去看了一次大海。就是在这次旅行中，这位母亲回答了儿子的问题。

母亲和儿子坐在沙滩上，她指着海面对儿子说："你看那些在海边争食的鸟儿，当海浪打来的时候，小灰雀总能迅速地飞起，它们拍打两三下翅膀就升入了天空；而海鸥总显得非常笨拙，它们从沙滩飞向天空总要很长时间，然而，真正能飞跃横过大洋的还是它们。"

"海鸥总显得非常笨拙，它们从沙滩飞向天空总要很长时间，然而，真正能飞跃横过大洋的还是它们。"平凡又怎样，不起眼又怎样，只要你努力，一样可以飞过大洋。当我们在讨论这个问题的时候，应该反思的是自己是否努力过，如果你连努力都不曾有，又何必抱怨这个社会太现实呢？

我们都听过龟兔赛跑的故事，兔子机灵，跑得快，它以为自己胜券在握，所以它安心地睡起了大觉。谁知道看起来慢吞吞的乌龟，却以自己百倍的努力以及坚持不懈的精神最先达到了终点。谁能笑到最后，还真是不一定。

大学毕业后，威廉的求职战役正式打响了，他向大部分知名企业投递了20多份简历。那真是一段不堪回首的岁月，他天天跑招聘会，但自己的努力却看不到任何回应，那些投递出去的简历石沉大海般杳无音讯。后来，好不容易有几家公司通知面试，但在找工作的路途上依然是曲折坎坷。

威廉在笔试上失意过，在群面时因插不上话而被刷掉，和许多求职的年轻人一样，他曾经历过低谷期，但他始终努力着。遇见太多糟糕的事情，他反而觉得一切都会慢慢好起来；情绪太过糟糕，他反而知道应该如何来梳理情绪；了解了自己的缺点之后，他反而知道什么工作才是最适合自己的。在每一次求职失败后，威廉都会反思自己的缺陷和不足，总结失败的经验，从来没有放弃过努力。

威廉说："天赋决定了一个人的上限，努力则决定了一个人的下限。”许多年轻人根本没有努力到可以拼搏天赋的地步，就已经放弃了，威廉深知自己没有一步登天的天赋，所以只能用努力的时间来换取天分。

当然，最后威廉如愿找到了一份好工作，但这与他平时的努力是分不开的。

成功就是运气恰巧撞到了努力而已，努力永远不会有错，即便现在无法感受到努力的回报，但未来的一天你总会受益。选择自己喜欢的事情，然后努力到坚持不下去为止，相信梦想，更要相信努力，因为遗憾比失败更可怕。当你在追逐梦想的时候，这个世界总会制造许多挫折与困难来阻挡你，残酷的现实会捆住你的手脚，但其实这些都不重要，重要的是你是否有努力到底的决心。

平庸并不可怕，可怕的是永远平庸。既然上帝没有给予天赋，那我们就用后天的努力来弥补。越努力越幸运，如果你觉得自己平凡，那就用努力换天分。当然，在这个过程中，我们要始终相信努力奋斗的意义，让未来的你，感谢现在拼命努力的自己。

坚持不懈能够在你失去动力的时候帮助你继续你的行动，这样可以保证结果渐渐好转。坚持不懈最终会产生它的动机。仅须保持你的努力，最终你就会得到回报，这个回报可以为你带来强大的动力。

第05章　生活不快乐，因你眼中只有悲伤

生活中很多人，说的大都是不快乐的事。工作清闲的说没前途，事业成功的表示压力很大，没结婚的说没遇到合适的人，结婚的却表示遇到的人不适合自己。快乐像皮球一样被踢来踢去，烦恼却像宝贝一样谁都不肯撒手。生活不快乐，只因你眼中只有悲伤。

最快乐的时刻就是活在当下

如果你希望自己的每一天都能过得十分快乐，那么就要学会活在当下，那样才会活得自在。你要分清楚过去和现在。你的过去只会对现在产生影响，如果你被困在过去的阴影中，你就不可能快乐地生活在今天。也许，对过去和未来的某些思考是有益的，但是花费太多的时间去反省过去，计划未来，这其实是在浪费时间。因为只有懂得珍惜此时此地，才能充分享受生活。我们不是否认过去，但是也不能沉溺于过去。只有关注现在，我们才能活得更像自己，才能发挥我们的聪明才智，生活才能更加真实和精彩。

有人根据快乐的原则，制定了一个快乐的计划，就是只为今天而活。要享受今天的生活，你就应该放下过去的烦恼、舍弃未来的忧思，而把自己所有的精力投入到今天的生活中，因为过去的已经过去了，而未来的还很遥远，所以今天才是应该抓住的机会。如果你是生活在过去或者未来的人，那么你现在要学会快乐地生活，那就是活在当下，只为今天而活。把你对昨天怀念或者对明天幻想的时间都用在今天，如果今天遭遇了困难，那么就要努力地克服；如果你今天遇到了喜悦的事情，那么就敞开胸怀高兴。

威廉·奥斯勒年轻的时候，曾经是蒙特瑞综合医院的一名医科学生。他在那里学医的某一段时间里，对自己的生活充满了忧虑，不知道怎样才能通过眼下的期末考试，也不再知道将来会在什么地方，创立什么样的事业，更不知道明天该怎么去生活。他整天为这些事情担忧着，无心自己的学业。偶然一次，他无意间在一本书上看见了这样一句话：“对我们大家

来说，生活中最重要的事情不是遥望将来，而是动手理清自己手边实实在在的事。”正是从书上看到的这句话，改变了这位年轻的医科学生，使他后来成为了最有名的医学家，创建了举世闻名的约翰斯·霍普金斯医学院，并成为了牛津大学医学院的钦定讲座教授，那可是学医的英国人所能获得的最高荣誉。

后来，威廉·奥斯勒爵士给耶鲁大学的学生作了一次演讲，他说：“像我这样一个曾在四所大学当过教授，撰写过畅销书的人，大家以为我会有‘特殊的头脑’。但是事实并非如此，我的朋友都知道，我的脑袋是再普通不过的了。”

有人问他：“那你的成功秘诀是什么呢？”威廉·奥斯勒爵士认为：“我之所以能够成功，是因为我活在完全独立的今天。”

奥斯勒爵士的话并不是让我们不要为明天而下功夫作准备，最好的办法，就是尽自己最大的努力，把今天的工作做到完美无缺，这才是应付未来唯一可靠的方法。奥斯勒把每一天都当作是完全独立的，他不会沉溺在过去，也不会为未来忧虑，所以他能够信心满满地应对今天的事情。生活对于他来说，每一天都是快乐的，每一天都是自由自在的，所以最后他能够取得在医学上的瞩目的成就。

美国著名总统林肯曾经说过：“大部分的人只要下定决心都能很快乐。”每个人的快乐不是来自外在的，而是来自内心的。只要在每一天保持快乐的心态，活在当下，你就能获得自由自在的快乐。人为什么会忧虑？那都是因为沉溺在痛苦的过去，焦虑不可知的未来。如果一个人能够在心里抛下昨天和明天，只是把握今天，那么你心里的压力和负担就不会那么沉重。你就可以以自己轻松的心情来面对今天的困难或愉悦，那么你就会觉得你的每一天都是快乐的。

对话自己

幸福的人要学会用快乐的心态来面对每一天，把“活在当下，活得自在”当作自己的座右铭。让自己去适应一切，而不是试着调整一切来适应你的欲望；活在当下，就要保持自己的身体健康，珍惜自己；在每一天加强自己的思想，学习一些有用的东西；试着只考虑怎么度过今天，而不去妄图把自己一生的问题都在今天解决。

每天都是崭新的一天

当你早上睁开眼睛，如果看见外面明媚的阳光是那么灿烂美丽，再呼吸一下新鲜空气，那么整个人都是清爽的，整个人都充满了精神。也许，你并不能每一天都感受到大自然的美好，但是日落之后，黎明到来，那就是新的一天了。有人说：“当我看到太阳从地平线上升起来时，就知道这又是崭新的一天了。”聪明人，要把每一天都当成一个新的开始。无论昨天多么困难，毕竟都已经过去了，从每一天开始，开始你新的生活。每天都是一个新的开始，当你这么想的时候，你已经精神百倍地去开始今天的生活了。

把每天当作新生，“生活中的每一个人，在任何一个瞬间，都可能站在两个永恒的交汇点上，但是这一点已经永远地成为了过去并延伸到无穷的未来”。所以我们不可能生活在两个永恒的中间，连一秒的持续时间也没有。如果你老是停留在过去的阴影里，就会摧垮自己的身体和精神。所以，我们能够做的就是把每一天都当作新生，并为活在这一刻而自豪。罗勃·史蒂文生写道：“从现在一直到我们上床，不论任务有多重，我们每个人都能支持到夜晚的降临，无论工作多么艰苦，每个人都能做自己当天的工作，都能很开心、很纯洁、很有爱心地活到日落西山，这就是生命的真谛。”生命的真谛就在于把每一天都当作新的一天来度过，这样你才会把自己所有的时间和热情都放在今天，让你的生命焕发出无限的潜力。

薛尔德太太住在密歇根州沙支那城，她以前是靠推销《世界百科全

书》之类的书籍生活，后来因为有了自己的家庭便辞去了工作，那时候日子虽然不富足但是也过得很安乐。但是很快，她安逸的生活就陷入了苦难。在1937年，她的丈夫死了，她自己几乎身无分文，这令她非常恐慌。那段时间，她的精神极度颓废、崩溃，甚至差点自杀。后来，她给以前的老板奥罗区先生写信，请求他能让自己做回以前的工作。于是，她四处借贷，凑足了分期付款的钱买了一辆旧车，她又开始重新以推销那些书籍为生。

薛尔德太太希望能够通过繁忙的工作来抵消自己的颓废和不安，可是她很快发现不行。毕竟她的丈夫已经不在了，只有她一个人驾车，一个人做饭吃，一个人生活，这所有的一切都令她无法承受。而她的工作也带给自己一些困扰，有些地方根本就卖不出去书，所以业绩不太好，虽然她买车的钱不是很多，但是对于她来说还是很难凑齐。她整天觉得心情很沮丧，对生活也没有什么希望，她甚至绝望得再度想到自杀。

有一天，她读到了一篇文章，正是那篇文章中的一句话让她活了下来："对一个聪明人来说，每天都是一个新人生。"这句话令她精神振奋，于是，她把这句话打印出来，贴在汽车前面的挡风玻璃上，为的就是自己开车的时候就能随时看见它。薛尔德太太发现每次只活一天一点都不难。就这样，她摆脱了孤寂和恐慌，她变得很快乐，工作业绩也上去了。

薛尔德太太正是把每一天都看作是新生的，所以她能够在每一天里忘记过去，不想将来，只是关注着正在活着的这一天，因此她能够很快摆脱自己过去的恐慌心情，而变得十分快乐，工作起来也很有精神。不管昨天有多么糟糕，但是毕竟已经度过了昨天，新的一天就应该忘记充满痛苦的昨天，带着新的心情开始新的一天。你会发现，每次只活一天是多么容易的事情。

人最可悲的就是，无视窗口的玫瑰在悄悄绽放，而去梦想着天边奇幻的玫瑰园。如果你总是怀着一些悲伤的、孤寂的心情去度过一天，那么你就什么事情都做不好，内心的恐慌更会变本加厉地折磨你，你会日渐消沉，陷入人生的黑暗。无论你在生活中遇到了什么，都不要害怕，因为你每天只需要活一天。

随时保持一份乐观的心情，记住每一天都是一个新的开始，不要沉浸在昨天的回忆中。新的一天，就要用尽全身的力气去表现，把自己最美丽的一面展示出来，让自己的每一天都充满精彩和欢乐。

快乐源于乐观的心态

一位小女孩趴在窗台上，看窗外的人正在埋葬她心爱的小狗，不禁泪流满面，悲痛不已。外公见状，连忙引她到另外一个窗口，让她欣赏他的玫瑰园。果然，小女孩的心情顿时明朗。老人托起外孙女的下巴，慈祥地说："孩子，你开错了窗。"

其实，生活就像是硬币的两面，一面是快乐，一面是悲伤。在生活中，因为眼界太狭窄或目光太短浅，我们也常常像小女孩一样开错了窗，看到那悲伤的一幕便情绪低落，萎靡不振。然而，如果我们能开阔眼界，以积极的心态试着打开另一扇窗户，换一个角度看问题，或许，我们会看见如画的美丽风景。很多时候，我们感到痛苦消极，是因为我们目光太短浅了。我们只专注于眼前，而忽略了长远的打算，于是，总是为着失去的东西而痛苦不堪。

在每年的七八月份，北极地区的冰雪开始大面积融化，气温也开始逐渐回升，出现了短暂的春天景象，十分美丽。但是，随着气温的升高，也开始出现大量的蚊虫，另外由于当地物种稀少，那些饥饿的蚊虫就会飞到人们聚居的地方，吸食人们的血液来维持自己的生命。让人感到奇怪的是，当地的居民却为此感到很快乐，他们对这些嗡嗡乱叫的蚊虫十分仁慈，从来不轻易伤害它们。有的游客会拿出杀虫剂喷洒，还会被当地居民所制止。

这是为什么呢？

原来，一种被称之为驯鹿的动物是当地居民过冬的主要肉质动物来源。可是，在天气比较暖和的时候，大批的驯鹿会自发地成群结队向低纬地区迁移，因为那里有大量的水草，如果没有人驱赶它们，它们就不愿意在严寒到来的时候准时回来。但是，在北极地区，如果你想靠人力来驱赶，这根本是不可能的事情。这时候，那些讨人厌的蚊虫就显示了它们的威力，天气开始降温，蚊虫就会飞到低纬地区逃命，自然会与驯鹿不期而遇。那些吸食血液的蚊虫是驯鹿无法抵御的天敌，而那边的气候还不适宜生存，所以那些驯鹿走投无路之下只能往回走。这一跑，正好钻进了人们事先已经设计好的陷阱里。

聪明的当地居民掌握了自然界物物相克的规律，所以甘愿忍受被蚊虫叮咬的痛苦，来求得长远的生存。在他们看来，眼前的得失并不需要挂在心上，也不需要为此感到痛苦，而那些长远的考虑才是智者的生存之道。所以，在那些被蚊虫叮咬的痛苦日子里，当地居民并没有过多的埋怨，而是保持着一份乐观豁达的胸怀，他们甚至快乐地欢迎蚊虫的到来，因为他们知道有了蚊虫的存在，这个冬天就不用愁食物了。

在上帝看来，却是一切永远的开始。狂风之后，一棵老树轰然倒下，多少人叹息着老树生命结束，不由自主地感叹自己的命运。但是，如果你换个角度，以长远的眼光看，你会发现一棵幼苗会在它倒下的地方重新生根发芽，新的生命才刚刚开始。今年的逝去是为了明年能够花红满树，桃李芬芳。这样一想来，是否会觉得快乐些呢？

有个人在一次车祸中不幸失去了双腿，当所有人都对他的厄运表示同情，对他的未来充满担忧的时候，他正积极地为自己寻找着新的出路。

人们在他的脸上没有看到痛苦，更没有看到绝望。周围的人很是好奇，对于一个失去双腿的人来说，生活无疑已经没有了色彩。

但他却笑着说道，“这事确实很糟糕。但是，我却保存下了性命，并且我可以通过这件事认识到，原来活着是一件多么美好的事情——我失去的只是双腿，却得到了比以前更加珍贵的生命。”

虽然，对于他来说，失去带着无法扭转的无奈，甚至伴随着撕心裂肺的疼痛。但是，他并没有为此感到痛苦消极，而是以长远的眼光领悟到了生命的真谛。虽然自己失去了双腿，但是自己还活着，这又何尝不令人感到快乐呢？

在人生的路上，有着太多的得，也有太多的失，许多人一直都在计较着得与失，所以每一天都在抱怨、懊悔中度过，他们在漫漫人生之中，没有哪一天能够真正地快乐。

无声的年华岁月让我们看尽了繁华落尽，这时，我们才感叹：原来自己从来没有快乐过。对于那些失去的，得不到的，为什么不能以一种长远的眼光去看待呢？保持内心良好的状态，你会发现，令自己痛苦的是短浅的目光，而不是生活。

一切烦恼都是自寻烦恼

有的人有点杞人忧天，遇到一点点小事就开始胡思乱想，好像自己成为了“鸟笼”的俘虏，最终，仅是那些想象的情景就把自己吓坏了，这就是人们常说的庸人自扰。本来生活中并没有那么多的烦恼，就是因为心中的忧虑，凭空多出了许多的烦恼，使自己终日沉浸在焦虑之中，每天过得心惊胆战。其实，有时候，我们需要看开一些，对于任何人任何事情都不要想得那么糟糕，留一份快乐在心中，那样就会赢得整个人生。

那些快乐的人，他们口袋里装满了祝福；而那些疲惫的人，他们口袋里装满了指责。一路上他们同行着，快乐的人会把那些不必在意的负担丢掉，而疲惫的人却选择了丢掉祝福，所以，快乐的人的行囊越来越轻松，

而疲惫的人会感觉越来越累。生活中的我们都要努力做快乐的人，千万别庸人自扰。

画家张大千先生长着很长的胡须，平时说话的时候，用手捋着自己的胡须，样子十分和蔼可亲。有一次，一位朋友问他晚上睡觉胡须怎么放，结果那天晚上，他为了合适地安放自己的胡须彻夜未眠，不知道该把自己的胡须放在哪里才好。那些平常都不会担心的事情，怎么一在意就出问题了？在生活中，不只是张大千会有这样的烦恼，每一个普通人都会这样这样。人的天性里都比较敏感，因为能思考，所以也有思想，但想得太多，同时也把那些简单的事情复杂化了，从而给自己带来一些不必要的心理压力。如果你太过在意某一件事情，反而会因为弄巧成拙而做不好了。

反之，你用平常心来对待这些事情，就会发现它们不过是微不足道的小事。在桌面上有一张白纸，上面有一个小黑点，如果就这样看，黑点根本没有影响到白纸的干净；但假设你戴上了放大镜，那白纸就显得很脏了。值得讽刺的是，在实际生活中，绝大多数人会拿着放大镜。所以，凡事看开一点，不要庸人自扰。

《新唐书·陆象先传》：“天下本无事，庸人扰之而烦耳。”

唐朝时候，陆象先是一个很有气量的人。当时，正值太平公主专权，宰相萧至忠、岑义等大臣在太平公主的笼络下纷纷都投靠她。而陆象先却选择洁身自好，从来不去巴结讨好太平公主。先天二年，太平公主事发被杀，萧至忠等被诛。受这件事牵连的人很多，象先暗中化解，救了许多人，那些人事后都不知道。

先天三年，象先出任剑南道按察使，一个司马向象先劝说：“希望明公采取些杖罚来树立威名。要不然，恐怕没人会听我们的。”象先说：“当政的人讲理就可以了，何必要讲严刑呢？这不是宽厚人的所为。”先天六年，象先出任蒲州刺史。当时，如果吏民有罪了，大多开导教育一番就放了。录事对象先说：“明公您不鞭打他们，哪里有威风！”象先说：“人情都差不多的，难道他们不明白我的话？如果要用刑，我看应该先从你开始。”录事惭愧地退了下去。象先常常说：“天下本来无事，都是人自己给自己找麻烦，才将事情越弄越糟。如果在开始就能清楚这一点，事情就简单多了。”

这是一个“庸人自扰”的典故，那些自己让自己担忧的人只能被称之为庸人，他们既不是强者，也不是智者。也许有人会问，难道那些所谓的强者或智者就没有麻烦吗？当然不是，强者或智者一样也有烦恼，有时候也会做庸人自扰的事情，但是，他们与庸人的区别在于：强者或智者会尽量化解那些烦恼，不让它们困扰自己；而庸人则只会沉浸在自扰的漩涡中，不断地沉沦下去。不要做一个庸人，让自己成为生活的强者，成为人生中的智者。

人生活在这个世界上，每天都会碰到一些烦恼的事情，这是很正常的，关键是看你如何去对待，假如你以平常心对待，那小事就是小事，一点事情都没有；如果你放大了小事，那就变成大事了。所以，无论你遭遇了什么，都要积极主动去面对，应该怀着信心，努力就好，不要为未来没有发生的事情而担忧。

庸人为什么会自扰呢？其实，理解起来很简单。他们在某些时候，把现实中的问题看得很大，而把自己看得很小，以为自己遇到了难以解决的问题，所以陷入了自扰。这无疑是自寻烦恼。他们即便是遇到了一点鸡毛蒜皮的小事，也往往会担心得无所适从，不知道怎么办才好。

心胸豁达容琐碎小事

生活中，有许多这样的人，他们往往能勇敢地面对生活中的艰难险阻，却被小事情搞得灰头土脸，垂头丧气。其实，生活在这个世界，我们每天所遭遇的琐碎小事可以说是不胜枚举，如果我们总是较真，总是为那

些眼前的小事烦恼，那我们将郁郁寡终。太过较真，犹如握得僵紧顽固的拳头，失去了松懈的自在和超脱。生命就是一种缘，是一种必然与偶然互为表里的机缘，有时候命运偏偏喜欢与人作对，你越是较真去追逐一种东西，它越是想法设法不让你如愿以偿。

那些习惯于较真的人遇事往往不能自拔，仿佛脑子里缠了一团毛线，越想越乱，他们陷入了自己挖的陷阱里；而那些不较真的人则明白知足常乐的道理，他们会顺其自然，而不会为眼前的事情所烦恼。在山坡上有棵大树，岁月不曾使它枯萎，闪电不曾将它击倒，狂风暴雨不曾把它动摇，但最后却被一群小甲虫的持续咬噬给毁掉了。这就好像在生活中，人们不曾被大石头绊倒，却因小石头而摔了一跤。

“二战”后，一位名叫罗伯特·摩尔的美国人在他的回忆录里写下了这样一件事：

那是1945年3月的一天，我和我的战友在太平洋海域的潜水艇里执行任务。忽然，我们从雷达上发现一支日军舰队朝着我们开来。几分钟后，6枚深水炸弹在我们潜水艇的四周炸开，把我们直压到海底280英尺的地方。尽管如此，疯狂的日军仍不肯罢休，他们不停地投下深水炸弹，整整持续了15个小时。在这个过程中，有十几枚炸弹就在离我们几十英尺左右的地方爆炸。倘若再近一点的话，我们的潜艇一定会炸出一个洞来，我们也就永远葬身太平洋了。

当时，我和所有的战友一样，静躺在自己的床上，保持镇定。我甚至吓得不知如何呼吸了，脑子里仿佛蹿出一个魔鬼，它不停地对我说：这下死定了，这下死定了。因为关闭了制冷系统，潜水艇内的温度达到40多摄氏度，可是我却害怕得全身发冷，一阵阵冒虚汗。15个小时之后，攻击停止了，那艘布雷舰在用光了所有的炸弹后开走了。

我感觉这15个小时好像有15年那么漫长，我过去的生活一一浮现在我眼前，那些曾经让我烦恼过的事情更是清晰地浮现在我的脑海中——爸爸把那个不错的闹钟给了哥哥而没给我，我因此几天不跟爸爸说话；结婚后，我没钱买汽车，没钱给妻子买好衣服，我们经常为了一点芝麻小事而吵架。

但是，这些曾经很令人发愁的事情，在深水炸弹威胁我的生命时，都显得那么荒谬、渺小。当时，我就对自己发誓，如果我还有机会重见天日的话，我将永远不再计较那些眼前的小事了。

做人要潇洒点，不要总是为眼前的小事而烦恼，如此简单浅显的道理，我们却始终不能明白。有些事情在经历时我们总也想不通，直到生命快到尽头时才恍然大悟，如果上帝不再给我们一次机会，那岂不是永远的遗憾？

生活中的我们总为眼前的事情而发愁，可能是没钱买房子，可能是没钱买车，可能是没钱给自己和亲人买好看的衣服，但这些事情总会成为过去。正如“面包会有的，牛奶会有的”，一切总会好起来的，有这样良好的心态，何必还与自己较真呢？

在这短暂的人生中，记住不要浪费时间去为眼前的事情而烦恼。虽然我们无法选择自己的老板、无法选择自己的出身、无法选择自己的机会，但我们可以选择一种心态看待问题。凡事看得开，看得透，看得远，我们就能赢得一份好的心情。

换一种心情多一份快乐

人生就像一朵鲜花，有时开，有时败，有时候面带微笑，有时候却低头不语。其实，人生就是这样，无论我们处于什么样的境地，只要学会看情绪晴雨表，学会调节出好心情，你就会发现，人生远没有想象中的糟糕，而我们所遭遇的那些根本不算什么。人生，注定是一条充满曲折、困难的路，或许，烦恼无所不在，但是，面对这样一些事情，若我们能够尝试着打开心灵的另一扇窗户，以一种积极、乐观的心态去面对，你就会发

现，所谓的烦恼根本不存在，人生依然无限美好，问题的出现并没有改变我们的好心情。

有人这样抱怨："这天老是下雨，还要不要人活啊！今天出门的计划又泡汤了。"而在街头的另一处风景中，一位少女正撑着雨伞散步，小脚丫在雨水中快乐地奔跑。我们发现，"下雨"这个事实并没有改变，少女所改变的不过是自己的心情。像天气预报一样，情绪也有晴雨表，要想自己拥有一个好心情，我们要善于选择"晴朗的天气"，而不是沮丧的"雨天"。

有个老太太有两个儿子，一个卖伞，一个刷墙。老太太天天提心吊胆，闷闷不乐，因为晴天的时候，她担心儿子的伞卖不出去；下雨的时候，她又开始发愁另外一个儿子没法刷墙。

后来，一位智者告诉他："试着换个心情，你想想，下雨的时候伞卖得最多，那卖伞的儿子生意不正好吗，心情就好了；天晴的时候刷墙正好，刷墙的儿子生意也兴旺，心情自然也就好了。这样一来，无论是晴天，还是雨天，对于你来说，心情都没有改变。所以，什么时候都不会错的，你所应该选择的是一份快乐的心情。"老太太听了，笑逐颜开，再也不用担心了。

杯子里有半杯酒，一个酒鬼来了，看见就摇了摇头，十分沮丧："唉，只有半杯酒。"一会儿，又来了一个酒鬼，看到半杯酒兴奋地说："太好了，还有半杯酒。"杯子里同样是半杯酒，但是，因为心境不同，心情自然大有不同。

每个人的心中都有一份情绪晴雨表，只是，我们常常习惯于看见阴郁的雨天，而忘记了晴朗的那方天空，于是，我们的情绪也变得阴郁起来，不由自主地以悲观、消极的心态来面对生活。如此一来，那些本来看起来十分细小的事情，也会让我们火气大发，甚至，阴郁的心情会蔓延开来，逐渐影响我们身边的人。

从前，有一位禅师，他十分喜爱兰花，在平日讲经之余，禅师花费了许多时间来栽种兰花，弟子们都知道禅师把兰花当成了自己生命的一部分。

有一次，禅师要外出云游一段时间，在临行前，禅师特意交代弟子："要好好照顾寺庙里的兰花。"在禅师云游的这一段时间里，弟子们都很细心地照料着兰花，但是，有一天，一位弟子在浇水时不小心将兰花架碰倒了，于是，所有的兰花盆都跌碎了，兰花也洒了满地。弟子感到十分恐慌，决定等禅师回来后，向禅师赔罪。

过了一段时间，禅师云游归来，听说了这件事，便立即召集了所有的弟子们，他非但没有责怪那位弟子，反而安慰道："我种兰花，一是希望用来供佛，二是为了美化寺庙环境，不是为了生气而种兰花的。"

禅师喜欢兰花，是一种情感的自然释放，并不是为了生气而种兰花。因此，即使弟子不小心弄坏了兰花，禅师也选择了快乐的心情，他不仅没有生气，反而安慰弟子。面对兰花这件事情，禅师选择了坦然的心情，自己虽然喜欢兰花，但心中却没有烦恼这个障碍，所以，失去了兰花并不会影响自己的情绪，禅师依然有一份难得的好心情。而且，深知情绪晴雨表的禅师明白，即使自己生气又有什么用呢？反而会乱了自己的心情，坏了情绪，不如选择一份快乐的心情，以坦然的心境面对一切，这样，才能收获人生的幸福与快乐。

我们自己的心情，与生活一样，是可以选择的，即使事情变得十分糟糕，我们也要选择以快乐的心情面对。这样，我们才能看清楚事情的真实情况，而且，积极乐观的心态可助我们更好地解决问题。

第06章 凡事不顺利，没有走不通的路

世界上只有想不通的人，没有走不通的路。哪怕走进死胡同，也可以回头。当你实在走不通时，还可以试试旁边的路。通过迂回前进的方式，走到自己想要达到的目的地，正所谓“山重水复疑无路，柳暗花明又一村”。

换一种思维看问题

现今的生活中，很多人都在不停地抱怨。工作的时候，抱怨没得到满意的待遇；失业的时候，抱怨老板不讲情理；应聘的时候，抱怨好运不垂青自己。总之，人生灰暗，似乎怎么努力都不过是死水一潭。

曾经有两个囚犯，从狱中望窗外，一个看到的是满目泥土，一个看到的是万点星光。前者悲伤而死，后者欢笑一生。不同的处世态度，不同的思考方法，其结果往往大相径庭。态度是长期培养得来的，而想法则可以在灵光一现间给你带来巨大的突破。

一般人认为，拾荒的一定是穷人，一辈子干这个，不仅抬不起头来，而且更不会发家致富。靠拾荒成为百万富翁，那简直就是违背了客观规律，简直近乎天方夜谭。可是，真就有人做到了。

有四个小孩在山顶上玩耍，正玩得起劲的时候，突然，从山顶远处窜出来一个大狗熊。第一个小孩反应很快，拔腿就跑，一口气跑了好几百米，跑着跑着，他感到身后没有人，回头一看，其他三个孩子都没有动，他大声喊道："你们三个怎么还不跑呀，狗熊来了会吃人的！"

第二个小孩正在系鞋带，他回答说："废话，谁不知道狗熊会吃人呀，别忘了狗熊最擅长的就是长跑，你短跑有什么用？我不用跑过狗熊，只需要跑过你就行了。"这会，他惊奇地问旁边的小孩："你愣着做什么？"第三个小孩说："你们跑吧，跑得越远越好，一会儿狗熊跑近我的时候，我保持安全距离，带着狗熊到我爸爸的森林公园，白白给我爸爸带回一份固定资产。"说完，他忍不住问第四个小孩："你怎么不跑啊，等

死呀？”第四个小孩说：“你们瞎跑什么呀，老师说了在没有搞清楚问题的时候，不要乱作决策，不要乱判断，需要作市场调查，狗熊是不会轻易吃人的，你们看山那边有一群野猪，狗熊是奔着野猪去的，你们跑什么呀？”

面对“狗熊来了”同一件事，不同的小孩有不同的思维方式，而每一种思维方式都比前一种考虑得更周到。事实上，当我们试着多角度看问题的时候，你会发现狗熊并不是冲你来的，内心那些恐惧和忧虑是多余的，完全没有必要，生活依然是美好的，我们完全可以放下心中沉重的包袱。每个人眼中都有一个与众不同的“小宇宙”，不同的人在各自的“小宇宙”中发现着不同的色彩，演绎着各自的人生。

老师在黑板上画了一幅画，白纸中画了一个黑色圆点。老师问学生：“你们看见了什么？”全班同学一起回答：“一个黑点。”老师说：“你们只说对了一部分，画中最大的部分是空白，只见小，不见大，就会束缚我们的思考力，许多人不能突破自己，原因就是在这里。”很多时候，传统的思维定势会束缚我们的想象力，而多种角度看问题，我们就可能会有新的发现。

英国曾举办了一次有奖征答活动，题目是这样的：在一只热气球上，载着三位关系到人类生存和命运的科学家。一位是环保专家，如果没有他，地球在不久之后会变成一个到处散发着恶臭的太空垃圾场；一位是生物专家，他能使不毛之地变成良田，解决几亿人的生存问题，还能够运用基因技术使人的寿命延长到200岁；一位是国际事务调解专家，没有他的存在，各个军事大国的矛盾可能就会一触即发，地球将陷入核战争的阴影之中。但是，不幸的是，三位专家所乘坐的热气球发生了故障，正在急速下坠，除非把其中一个人扔出去，也许还有可能脱离危险，问题是，把谁扔下去呢？

到底该把谁扔下去呢？下面的孩子们想了起来：环保专家很重要，没有他人类将会灭亡；可是，生物专家解决的可是生存问题，没有了粮食人类就会饿死；而国际调解专家也很重要，如果发生了核战争，人类也将会灭亡。这时，一个小男孩说出了正确的答案：“把最胖的一个扔下去。”

有时候，我们凭着传统的思维来解决问题，常常会感到无所适从，谁知，机会往往就在你犹豫不决时悄然离去。如果我们都能像那个小男孩一样，跳出常规思维，多角度去思考，用一种全然不同的思路和方法去解决问题，可能就会有豁然开朗的感觉。哈佛大学告诉学生：多角度看问题，我们常常会获得意外的惊喜。

哲人说，有什么样的想法，就会有什么样的命运。在任何关键的时候，正确的想法都是解决问题的唯一途径。有人经常说："我忙得没有时间去想。"然而，就是"没时间去想"这五个字，却成为成功与失败的分水岭。平庸的人只知道"埋头拉车"，而成功的人却能"低头去想"，换个角度去思考。正因如此，他们能够找到解决事情最好的方法。

思想有多远，你就能走多远，不同的思维决定不同的出路。一个人在做事之前，一定要善于变换角度看问题，学会变通是跨越生命障碍走向成熟的重要一步。激动人心的成功总是和出类拔萃的创意联系在一起的，善于改变自己的思维，就会取得非同一般的成效。

充分发挥自己的优势

扬长避短的做法不管在哪一个领域都有着非常现实的意义，每个人都有自己的闪光点，这也就是我们所谓的长处，是自己的优势所在，如果我们对它进行深度挖掘、投资，你会惊喜地发现，你的行动往往能取得事半功倍的效果。

但现实生活中，很多人认为做自己应该做的事情就已经足够多了，已经无暇分身再思考别的了，或者说做自己能做的事就行了，但事实是这是

最无奈的选择和做法。知道自己最优越的能力，做自己最擅长的事，充分发挥自己所具备的素质和内涵，实现应有的自身与社会价值，这才是最明智之举。

在竞争的路上，那些具有灵性、聪明的人都知道寻找最合适的方法。做擅长的事，走熟悉的道路，这就是通向成功的捷径。走捷径能使你摆脱很多不必要的干扰，走捷径能使你觉得成功近在咫尺。

“万科”是国内一家著名的房地产公司，曾专注于房地产住宅的开发，在国内赫赫有名。在过去经济萧条、市场最艰难的时候，万科凭借自己的努力坚持下来了，但是当它迎来明媚的春天的时候，却禁不住市场的诱惑，耐不住一时的寂寞，盲目地放弃了自己的特长，转移了业务，去做生命科学，去做IT项目，到头来竹篮打水一场空。

离开了自己熟悉的地方，放弃了自己最擅长的事，往往就会在激烈的竞争中败下阵来，拿自己的劣势跟别人的优势相抗衡，就像用鸡蛋去撞击石头，后果很惨重。

美国微软公司总裁比尔·盖茨有一句口头禅：“做自己最擅长的事。”这句话被众多的企业家所认同。如果你留心那些成功人士，就会发现他们的一个共同特征：不论智商高低，也不论他们从事哪一个行业、担任何种职务，他们都在做自己最擅长的事。

为了给自己“充电”，森林里的动物们开办了一所学校，开学典礼的那天，来了许多动物，有小鸡、小鸭、小鸟，还有小兔、小山羊、小松鼠。学校为它们开设了5门课程，分别是唱歌、跳舞、跑步、爬山和游泳。第一天老师决定上跑步课，小兔子兴奋地在体育场跑满了一个来回，自豪地说，我能做好自己天生就喜欢做的事！可其他小动物，却有的撅着嘴，有的耷拉着脑袋……小兔回到家里对妈妈说：“这所学校太好了，我实在太喜欢了。”

第二天一大早，小兔子蹦蹦跳跳地来到学校。老师宣布今天上游泳课，这时小鸭子兴奋得一下跳进了水里。天生恐水的小兔子傻眼了，其他小动物也只能“望洋兴叹”。接下来，第三天是唱歌课，第四天是爬山

课……学校里每一天的课程，小动物们总是有擅长的与不擅长的。

这则寓言看似很普通、简单，却蕴含了一个深刻的哲理：要成功，小兔子就应跑步，小鸭子就该游泳，小松鼠就得爬树。它的潜在寓意就是说，做自己最擅长的事情，最容易有所发展。

盖洛普名誉董事长唐纳德·克利夫顿曾说过：“在成功心理学看来，判断一个人是不是成功，最主要的是看他是否最大限度地发挥了自己的优势。”可往往有些人不在意这些事，觉得天底下没有自己干不了的事，没有自己做不成的行业，盲目地“挑战极限”，结果也不言而喻。

一个人无论具备多么好的天赋，多么高的智商，他也不能将所有能力收于囊中，难免存在劣势。就才能而言，有人敏于感知，有人善于记忆，有人强于创造，有人思维活跃，有人逻辑缜密，有人判断客观，有人处事巧妙……既然人各有所长，也各有所短，那就应该处理好“长与短”的关系。但凡聪明的人，都会懂得“善用其长，不显其短”的道理。一般来说，善取长弃短者，都能将自己的优势发挥到最大化；反之，“舍长就短者”，便难以称之为智者。

能力是成功的资本，但对很多人来说，发现自己的能力，即明白自己擅长做什么，是一件比较困难的事情。因为他们宁可相信别人，也不相信自己。其实，任何人都不必看轻自己，要相信自己是独一无二的。社会上大多数的人，只会羡慕别人，或者模仿别人，很少有人去认清自己的专长，了解自己的潜能，然后锁定目标，全力以赴，因而他们不能够成大事。这种人只能怪罪自己。擅长来源于兴趣，如果没有兴趣，就不可能产生一种欲望并对一个领域进行接触和深入的了解，当然也就不可能有这方面特长和经验的培养和积累。

对话自己

每个人的优势不同，善于发掘自己的长处，做自己擅长的事，这才是属于你自己的一笔宝贵的财富，将优势发挥到最大化，不断给大脑充电，

不断给予优势一定的营养，你会发现你正在将自己的财富升值。

绝妙的创意改变生活

脑洞大开，拥有创新思维，发挥自己的创意，要求我们不要一味地跟在别人的后面跑，要想胜人一筹，就要有独辟蹊径、开拓创新的精神。与众不同的思维模式能成就自己，吸引别人。在如今这个新事物层出不穷的变革时代，创新已经变得极其重要了。这不仅是生存的需要，更是发展和成功的需要。创新失败不是耻辱，不创新才是耻辱。今天，一个人要想立足社会，将以有无创新意识和创新能力来最终论成败。

创新创造价值的观念早已扎根于那些成功者的大脑中。在不断开发自己的大脑，实现创新的过程中，他们的个人资本逐渐增加，为以后成就大事打下了坚实的基础。更有一部分人，他们的一生都在为着自己的理想和金钱的富足而拼搏，只因偶尔的灵机一动，灵感的火花就使得他们创造了无穷的价值，实现了个人的飞跃。

1973年，年仅15岁的格林伍德收到别人送给他的圣诞节礼物——一双冰鞋。他非常高兴，因为他一直渴望有滑冰的机会。

拿到这件礼物后，格林伍德马上就跑出屋子，到离家很近的结了冰的小河上去溜冰。可能是初次出来，他感觉到天气太冷了，一溜冰，耳朵就被风吹得像刀子割了似的。他戴上了“两片瓦”式的皮帽子，把头和腮帮捂得严严实实的，一玩起来又热得满头是汗。

格林伍德想，为什么大家设计的为耳朵保暖的东西，都是个帽子呢？这样不利于运动。既然耳朵容易感觉冷，那就应该做一件能专门捂得住两边耳朵的东西。

回到家后，他细心研究，在纸上勾画着。他终于琢磨出一个大概的样子，请妈妈照他的意思做。他妈妈摆弄了好半天，缝出了一双棉的耳罩。

格林伍德戴上它去溜冰，果然挺管用。一些朋友见到了，也向格林伍德要。格林伍德和妈妈商量，去把祖母也叫来，一起做耳罩。经过几次修改，耳罩做得更适合，也更好看了。小格林伍德把它取名为“绿林好汉式耳套”，并且向美国专利局申请了专利。“绿林好汉式耳套”的专利号是188292。

一双耳套能值多少钱？申请专利又有什么用？

答案是：小格林伍德后来成了世界耳套生产厂家的总首领，因为这项专利，他成为百万富翁。

就是这样的一个想法，一个与众不同的思维方式，使得小格林伍德尝到了创新的甘甜，金钱的积累在短时间内迅速飙升，命运也因为这样一个独特的创新性思维带来的收获而改变。仔细分析，格林伍德的成功有两个关键之处，一是别人戴帽子或不戴帽子已形成了习惯，不再去想怎样保护耳朵，而他却专门做了个耳套。二是做了耳套后，他为之命名并且申请专利。换句话说，他懂得开发自己的创新思维，从小处着眼，向大处推广，把自己的创新意识扎根于朴实。

从上面的故事，我们不难看出，创新思维直接表现在人们日常生活中所说的创意上，创意的起源常常是有心人的灵机一动，不需要经过严谨的学术训练和精密的理论论证。对于创意，任何一个人都可以与之亲密接触，只要勤于观察，善于思考，大胆创新，就有可能出奇制胜，获得可观的效益。

减肥是令许多人望而却步的难事，是许多胖子们的大难题。市场上的减肥中心、减肥药物等繁多，竞争已到白热化，大家的利润也因此降到很低。这也使得减肥者感到茫然，不知道该选择哪一家好。但有一家减肥中心因为一个创新的减肥绝招，使得自己门庭若市。

一天，一位胖男人慕名而来，他已有过多次失败的经历了。他抱着最后一试的态度问教练，他该怎么办?

教练记下了他的地址，然后告诉他：“回家等候通知，明天会有人告诉你怎么做。”

第二天一早，门铃响了，一位漂亮性感的青春女郎站在门口，对胖子说：“教练吩咐，你要能追上我，我就是你的。”胖子大喜，从此每天早

上都在女郎后边狂追。如此数月下来，胖子已逐渐身手矫健起来，他早就忘了这是减肥，只想着一定要把那姑娘追到手。

直到有一天，胖子心想：今天我一定能追到她了。他早早起来在门口等着，那位姑娘没来，来的是一位同他以前一样胖的女士。

胖女士对他说："教练吩咐，我要能追到你，你就是我的。"

诚然，这个故事包含着一定的喜剧色彩，但在我们笑过的同时，也不免因这位教练的机智和创新性思维感到眼前一亮。正是这种新鲜、与众不同的方法与感觉，使得这家减肥中心的生意日渐火爆，也使得人们对创新的效果理解更深。

大富豪洛克菲勒有句名言："如果你想成功，你应辟出新路，而不要沿着过去成功的老路走……即使你们把我身上的衣服剥得精光，一个子儿也不剩，然后把我扔在撒哈拉沙漠的中心地带，但只要有两个条件——给我一点时间，并且让一支商队从我身边经过，那要不了多久，我就会成为一个新的亿万富翁。"敢于说出这样的话的人，肯定充满了豪情壮志，让人不禁动容，这种坚定的信念和敢于创新的精神无疑是做事成功的一个根本素质。

对话自己

拥有创新思维，在平时的生活中多留心观察，同时开动自己的大脑，抓住自己一时的灵感，拥有创意，并敢于行动的，多半会成为成功者。每个人都能够具有创新性思维，而创意就发生在我们的身边，它可以不是一个具体的产品，可以只是一种思路。

方向不对，努力白费

对成功而言，努力很重要，方向更重要。方向走对了，哪怕走得慢也能一步一步靠近成功；可倘若走错了方向，不仅白忙一场，更可能离成功越来越远。人的一生中会发生很多意外，你无法控制它们，就像你不能掌控自己的生老病死一样。于是有人说活着就要及时享乐，就要对得起自己；而有些人认为活着就要不断追求，不断收获，不断给自己树立目标，在每一次实现目标时，尽情享受其中的快乐。

通常我们把前者的态度说成消极，把后者赞为积极面对生活的人。拥有目标，从而奋力拼搏，这是成功最简单的模式之一。你需要明白，在你的生命中，在你前行的路上，不是每一条河都能顺利渡过的，遇到过不了的河掉头而回，也是一种智慧。但很多人在这种情况下，只知盯着眼前奔腾的河水发愁，而看不到河边的苹果树。真正的智者会放飞思想的风筝，摘下河边的“苹果”。

有一位印度学者对阿利·哈费特说：“如果你能得到拇指大小的钻石，就能买下附近所有土地；如果你能找到钻石矿，那么就能够让你儿子坐上王位了。”

从此，钻石的价值就深深烙进哈费特的心坎。

那天晚上，哈费特彻夜未眠，第二天一早便跑去找学者，问他到哪里才能找到钻石。学者发现他如此迷失，便更改了建议，希望打消哈费特的念头。但是，已经沉入妄想中的哈费特完全听不进去，死乞白赖地缠着学者，最后学者随口说：“您要去很高很高的山里，寻找流着白沙的河，只要找得到白沙河，就一定找得到钻石。”于是，哈费特变卖了所有的家产，开始他的寻钻之路。但是，他找了许久，始终找不到宝藏，最后在西班牙的海边，投海死了。

几年后，有人买下哈费特的房子。当准备让骆驼饮水时，发现沙中竟然闪着奇特的光芒。他立即拿了工具去挖，不久便挖到一块闪闪发光的石头。他不知道这是什么，只觉得这个石块很漂亮，便将它放在炉架上。

有一天，那位学者来拜访这户人家，一进门，就发现炉架上那块闪闪发光的石头。学者惊奇道：“这是钻石啊！是哈费特回来了？”新屋主说道：“没有啊！哈费特并没有回来，这块石头是我在后院的小河旁边发现

的。”学者怀疑地说：“不！你在骗我。”于是，新屋主向学者说出他找到钻石的地方，两人便立刻来到小河边，开始挖掘。几分钟后，底下便露出一块更为亮丽的钻石，接着又陆续挖掘出许多的钻石。

后来献给维多利亚女王的那块钻石，也是出自这个地方，而且净重100克拉。

钻石就在自己的后院的小河边，哈费特却南辕北辙地到外面四处寻找，他的一切努力，都因方向的错误，而失去了任何的意义。在生活中，每个人都有自己的理想，有坚持的方向，并为之不懈奋斗，渴望有一天自己的付出能有所获得。

有人说，成功是1%的灵感加上99%的汗水。这句话恰恰反映出这1%的灵感是最重要的，大部分人只是寄希望于自己的努力和勤奋而忽略了努力的方向，终其一生也劳无所获。时间就这样匆匆逝去，生命也这样庸庸碌碌地消逝，而留下来的只是遗憾。事实上，朝着错误的方向前行，比原地踏步更可怕，因为你距离成功将会越来越远。

有两只蚂蚁，它们想翻越前面的一堵墙，去寻找食物。这堵墙长约百米，高近二十米，但每隔十米就有一个小通道。其中一只蚂蚁觉得自己身强力壮，凭着力气一定能翻过墙去。它卯足了劲儿往上攀爬，但每次爬到一半时都因为太累而跌落下来，不过它总是努力着，希望自己能爬上去。

另一只蚂蚁身子比较瘦弱，它觉得这样蛮干是不行的，它观察了一下整个墙体，终于发现这堵墙的秘密。于是它决定从通道过去，结果很快就穿过这堵墙找到了美味的食物，开始享用。而另外那只蚂蚁还在勇敢地爬墙，还在不停地跌落又开始。

确实，有时愿望很重要，勇气很重要，毅力很重要，但方向更重要。在现实生活中，没有方向或走错方向的人很多，他们坚信“天道酬勤”，殊不知，这些成功之道必定是建立在一个基本前提之上，那就是正确的方向。事实上，确定方向比努力本身更重要，如果方向错误，越努力反而离成功越来越远。

清华大学校长曾送给毕业生一段话：“在未来的世界里，方向比努力

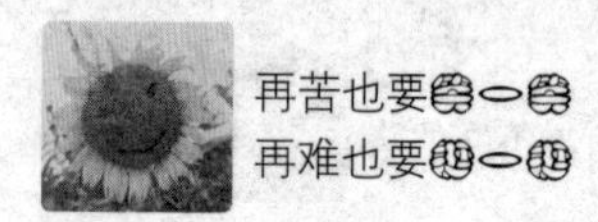

重要，努力比知识重要，健康比成绩重要，生活比文凭重要，情商比智商重要。”有的人起点并不高，但因为他们选择了正确的职业发展方向，所以在短短几年之后他们的价值超过了很多当初起点比他们高的人。

人必须科学审视自身所处的环境，客观地评价自己的能力素质，正确地选择努力的方向，否则付出再多的努力也是白费。许多人从事着自己并不喜欢的职业，总是发出“我也很努力，不过就是做不到最好”的感慨。其缘由是这些人并非不喜欢这份职业，而且这份工作并非是他们最适合的。如果人希望能把一项工作做得得心应手，就需要选择正确的人生目标。如果走错了方向，那么果断放弃，去寻找自己的正确的人生方向。

在这个世界上，条条大路通罗马，通往成功的道路不止千万条。不过需要记住：几乎所有的道路都不是别人给的，而是你自己选择的结果。你选择什么样的道路，就会拥有什么样的人生。从容思考，从速实行，方向永远比努力更重要。

顺势易事，借力成事

从小我们就被教育要个人奋斗，自己的事情需要自己去做，不要把希望放在别人的身上，凡事都要自力更生。虽然，这么多年以来我们从来没有否定个人奋斗的重要性，但当我们个人付出了很多的努力却难以得到回报的时候，就难免会产生一种忧闷的情绪，甚至灰心丧气、一蹶不振、自暴自弃。

实际上，我们可以从另外一个角度去想，想想如何借力行事，从而永远保持着积极向上的心态，这无疑是一条通往成功之路的蹊径。当然，这

样的借力行事，并不是说我们完全摒弃了个人奋斗，任何事情都依靠外力来帮忙。真正的借力行事，是在我们原有努力的基础之上，巧妙外借他人之力，顺应天势，以此来达到我们所想要的结果，这就是人生中的大智慧。

荀子在《劝学》中就说道：“假舆马者，非利足也，而致千里；假舟楫者，非能水也，而绝江河。君子生非异也，善假于物也”。寥寥数语就道出了人生的大智慧，君子其实与其他人并没有大的差别，只是因为他们善于借助和利用外物而已，这就是一种善于借助外力的大智慧。一个人的能力往往是有限的，你必须借助外界的力量来达成自己的目的，借他人之力来促使自己成功。在我们现实生活中，一个人要想成就一番事业，仅仅凭他单枪匹马之力是不足以获得成功的，他或多或少都要依靠外来的力量，比如地位、名望、财富或者权力，否则他就会变得举步维艰。

比尔·盖茨曾经说：“一个善于借助他人力量的企业家，应该说是一个聪明的企业家，在办事的过程中善于借助他人力量的人也是一个聪明的人。”因此，在人生的路途中，当你觉得一个劲儿地向前冲并不能为自己解决问题时，就要学会舍弃一些坚持。一个人横冲直撞并不能成功，必须借助他人的力量来增强自己的力量。

成吉思汗被世人誉为“一代天骄”，然而在历史上几次大规模的战争中，成吉思汗都处于劣势，为什么他大多数都以胜利而告终呢?

其实，这是因为成吉思汗善于利用外力来为自己打天下。他利用了札木合、王罕与蔑儿乞人之间的宿怨，利用塔塔儿人与王罕的旧仇，利用札木合与王罕之间的新隙，成功地分化了阿兰人与钦察人，然后各个击破，最后征服了整个东欧草原。他在面对每一个敌人的时候，又利用敌人内部矛盾，如利用札木合与他一些下属的矛盾，利用王罕父子的矛盾等。在扩张过程中，他利用金夏之间的矛盾，攻下西夏，从根本上清除了两国联合御敌的可能；而在攻打曲出律时，他又利用西辽的阶级矛盾与宗教矛盾，分化瓦解了曲出律的势力，使强大的西辽变得不堪一击。

成吉思汗每征服一个地区，就把所俘获的俘虏杀了，妇女掳为己有，儿童抚养成长成就了蒙古的新生力量，不杀的男丁、士兵则编入了军队，充当伪军去进攻敌人。所以，在蒙古大军的扩张过程中，成吉思汗的军队不仅没有减少，反而多了起来。另外，他还常用俘虏去攻打敌人，当攻下了一个地方之后，他就把那些俘获的百姓放在军队前面，让那些百姓充当挡箭牌，一般守城的人见了自己的同胞都会手软，不忍下杀手，自然大大减弱了对方军队的战斗力。

成吉思汗借助了敌人的力量，成就了一代天骄的美名。在他兵力还不是很雄厚的时候，他就先后联合了草原雄鹰札木合和王罕，依靠联合他人的力量来成就自己的事业，最后成为了草原霸主。事实上，历史上许多成大事者都很善于借助他人力量来使自己获得成功。三国时期草船借箭的故事几乎家喻户晓，试想，如果当时孔明坚持自己造弓箭，那肯定会以失败告终。他借助外力完成了任务，也让周瑜刮目相看。

无数的例子告诉我们，借力行事是通往成功之路的法宝。孙中山曾说过："世界潮流，浩浩汤汤，顺之者昌，逆之者亡。"世间的任何事物都有其规律可循，只有顺势而为，才能事半功倍，即使是伟人，他们也不能逆势而为。而且，自古以来人们就讲究"天时、地利、人和"，方能成就大事。

实际上，借外力而为，顺势成事才是真正的大智慧。所以，当我们直接向前行却难以取得大的成就的时候，不妨舍弃坚持，借力行事，顺势而为之，如此才能成大事。

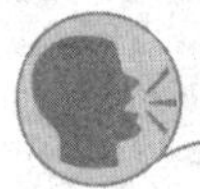

对话自己

一个人的力量毕竟是有限的，而你要想在人生的道路上获得成功，除了靠自己的览遍奋斗之外，有时候还需要借助他人的力量，就像是三月里的风筝，凭借好风力，才得以览遍大好河山。所以，在必要的时候，我们要舍弃"一意孤行"的固执，而善于借助外力来获得成功。

第07章 总是不自信，学做更好的自己

居里夫人："我们应该有恒心，尤其要有自信心。我们必须相信我们的天赋是用来做某件事情的，无论代价多大，这件事必须做到。"生活中，许多人不相信自己，或因外貌，或因事业，或因感情，他们总是不自信，所以觉得人生不如意。

自卑比狂妄更糟糕

一位来自城里的记者询问在夜间忙碌的农民："为什么要在夜间翻地呢？"农民回答说："在夜间翻地，野草的生长率会降到2%；但若是让野草照到一缕阳光，它们便会快速增长，生长率高达70%呢！"听到这样的回答，记者当时惊呆了，他并不是因为担忧快速生长的野草会影响农作物，而是被野草的生命之美所感动。野草，本来是多少不起眼的小生命啊，但是，因为那一缕阳光的生命力，怀抱自信，带领着野草冲破黑暗，沐浴阳光。就连野草这样卑微的生命都对自己充满了信心，而我们作为人类，拥有生命，为什么要自卑呢？

自卑是一种因过多的自我否定而产生的自惭形秽的情绪体验，其实，在生活中，几乎每个人都有自卑，只是程度不同而已。适度的自卑能够激励人们发奋努力，获得成功，但是，过度的自卑，则会影响一个人的心理、行为，乃至事业成败。那些对自己缺乏信心的人过度关注自己的生理缺陷和能力的不足，导致其心理承受能力十分脆弱，经不起较强的刺激。他们很容易对他人产生猜疑、嫉妒心理，行为总是畏首畏尾、瞻前顾后等。

或许他们本可以成为优秀人才，但是，由于自卑，他们看不到自己的特长，不敢发挥自己的优势，最终只能碌碌无为。自卑，就好似是一个陷阱，阻碍人们继续前进。因此，我们应丢掉自卑，让自信的阳光洒满心房。

有一天，一个高傲的武士前来拜访禅宗大师。他本是一个出色且颇具威名的武士，但是，当他看到外表俊朗的大师后，竟不由得自卑起来。他很不解，对大师道出了心中的疑惑："为什么我会感到自卑？仅仅在一分

钟以前，我还是信心满满的。但是，当我刚跨进你的院子后，便突然变得自卑起来。以前，我从来没有过这种感觉，我曾无数次面对死亡，但从没感到恐惧，为什么现在我感觉有些惊恐了呢？”

大师对他说：“请你耐心地等一下，等这里所有的人都离开后，我会告诉你答案。”前来拜访大师的人越来越多，络绎不绝，武士焦急地等待着。到了晚上，武士急不可待地说：“现在，你可以回答我了吧。”大师说：“到外面来吧。”

院子里，明月挂在天空中，发出皎洁的光辉。大师说：“看看这些树，那棵树高入云端，而它旁边的一棵树却还不及它的一半高。但是，它们已经在这里很多年了，从来没发生什么问题。一棵这么高，一棵这么矮，为什么我却从未听到抱怨呢？”

武士领悟了，他回答说：“因为它们不会比较。”大师回答说：“那么你就不需要问我了，你已经知道答案了。”

其实，很多时候，自卑是源于人们内心的比较，越是比较，就越觉得自己处处不如人，结果，内心就越来越自卑。但所谓“天生我材必有用”，上天从来都是公平的，它会眷顾每一个人。当它为你关上一扇门的同时总会为你打开一扇窗户，不过，如果你总是怀着自卑之心，又怎么能得到上天的眷顾呢？自信是一个人跨越成功门槛的动力，丢掉内心的自卑，提升自信，只有这样，你向前的脚步才能变得更加轻盈。

俄国著名戏剧家斯坦尼夫斯基，在排演一出话剧的时候，女主角突然有事不能演出了。斯坦尼夫斯基实在找不到人，只好叫他的大姐担任这个角色。大姐以前只是一个服装道具管理员，现在突然要出演主角，内心很自卑胆怯，结果演得很差，引起了斯坦尼夫斯基的不满。

有一次在排练节目的时候，他突然停下来，说：“这场戏是全剧的关键，如果女主角仍然演得这样差劲儿，整个戏就不能再往下排了！”顿时，全场都安静了下来，大姐很久都没说话，突然，她抬起头来，说：“排练！”之后，她一扫内心的自卑、羞怯，演得非常自信，非常真实。斯坦尼夫斯基高兴地说：“我们又拥有了一位新的表演艺术家。”

拿破仑说："只要有信心，你就能移动一座山。只要坚信自己会成功，你就能成功。"可是，在生活中，拥有信心的人并不多。自信本身并不神奇，也不神秘，只要你相信自己确实能够做到，自然就会信心百倍。

读过《简·爱》这本书的人都会被那个自信的女孩所吸引，在书中，家财万贯、性格孤僻的庄园主罗杰斯特为什么会爱上地位低下而又其貌不扬的家庭教师呢？答案其实很简单，因为简·爱自信、自尊，富有人格的魅力。正是这种自信的气质与魅力，使她获得了罗杰斯特由衷的敬佩和深深的爱恋。

对话自己

人们在研究当代世界名人的成长经历之后发现，这些名人对自我都有一种积极的认识和评价，表现出相当的自信。坚定的自信心，不仅使人在事业上不断进取，达到既定目标，而且使人在性格上重塑自我，增添人格魅力。

让奇迹在你生命中发生

在《圣经》中有这样一句话："你的成功取决于你的信心。"事实上，自信往往能产生奇迹，相信自己的人，总是充满极大的热情和力量。简单地说，那些在信心庇护下的人能从束缚、妨碍信心的许多担忧和焦虑中解脱出来。

自信的人，他有行动的自由，他的能力也能自由发挥，在这种自由下，他能取得一定的成就。可以想见，一个人的思想若是受到了担忧、焦虑、恐惧或无把握感的束缚和妨碍，他的大脑就不可能有效地指挥自己去完成某些事情。

信心是一块伟大的基石，在人们作出努力的所有方面，信心往往能造

就奇迹。信心使人们的力量倍增，更使人们的才能增加数倍，如果没有信心，你将一事无成。即使是一个有着卓越能力的人，一旦他对自己或对自己的才能失去信心，他就会迅速地失去力量，变得不堪一击。

杰克·韦尔奇出生在一个典型的美国中产阶级家庭，父亲在铁路公司工作，每天早出晚归，因此，培养孩子的任务就落在了母亲的身上。与其他母亲不太一样，她对韦尔奇的关心更注重于提升他的能力和意志方面。母亲是一位十分权威的人，她总是让韦尔奇觉得自己什么都能干，教会韦尔奇独立学习。每当韦尔奇的行为有所不妥，母亲总是以正面而有建设性的意见唤醒他，促使韦尔奇重新振作，母亲虽然话不是很多，但总能令韦尔奇心服口服。

母亲一直抱持着这样的理念：坦率的沟通、面对现实、主宰自己的命运。她将这三门功课教给了韦尔奇，使得韦尔奇终生受益。母亲告诉韦尔奇："要掌握自己的命运就必须树立自信。"韦尔奇到了成年以后还是略带口吃，但是母亲安慰韦尔奇："这算不了什么缺陷，只不过思维比开口快了一些。"正是母亲给予的这份鼓励，让口吃不但不再成为阻碍韦尔奇发展的绊脚石，而且成为了韦尔奇骄傲的标志。美国全国广播公司新闻部总裁迈克尔对韦尔奇十分钦佩，甚至开玩笑说："他真有力量，真有效率，我恨不得自己也口吃。"

韦尔奇的中学成绩应该可以进美国最好的大学，但是，由于种种原因，他最后只进了麻州大学。刚开始，韦尔奇感到十分沮丧，但进入大学以后，他的沮丧变成了兴奋。他后来回忆这段经历，这样说道："如果当时我选择了麻省理工大学，那我就会被昔日的伙伴们打压，永远没有出头的一天；然而，这所较小的州立大学，让我获得了许多自信。我非常相信一个人所经历的一切，都会成为自信的基石，包括母亲的支持，运动，上学，取得学位。"韦尔奇的大学班主任威廉这样评价他："他总是很自信，他痛恨失败，即使在足球比赛中也一样。"1981年，韦尔奇成为了历史上最年轻的CEO，他是通用电气公司董事长。而自信成为了通用电气的核心价值观之一，韦尔奇这样说："所有的管理都是围绕自信展开的。"

韦尔奇这样解释他的成功："我们所经历的一切都会成为我们信心建

立的基石，当你被选为一支球队的队长，当你在球场中选队员时，你就掌握了这支队伍，然后事情就这么发生了，渐渐地，你会习惯这些经验，而且人们也会信任你，给予你善意的回应。”谁能想到一个略带口吃的人会成为瞩目世界的名人呢？或许，在很多年以前，韦尔奇自己也不相信，可就是因为自信，他缔造了一个世界的奇迹。

生活处处充满奇迹，只要你相信就一定能出现。信心使你坚信自己一定能成功，信心能开启守卫生命真正源泉的大门，正是借助于信心，你才能发掘伟大的内在力量。在很多时候，你的人生是辉煌还是平庸，是伟大还是渺小，都将与你的信心成正比。

现实生活中的许多人不相信自己，他们甚至不知道信心为何物，在他们看来，这个世界并没有什么奇迹。其实，这都是源于他们对自己缺乏信心。要知道，信心能使我们站得高，看得远，能使我们站在高山之巅，眺望远方看到充满希望的大地。

路人甲也不可替代

生活在这个世界上，许多人都会认为自己是渺小的、容易被忽视的。他们心里常常会这样想：我不过就是一个小人物，又能有多大的作为呢？在这样的心理作用下，他们变得越来越自卑，不敢相信自己，甚至否定自己的能力与学识。

其实，谁不是渺小的呢？但是，我们更应该记住，即使再渺小的人和事，它们都有着不可替代的功用。哪怕是路边不起眼的一丛小草，它们也为这个世界增添了一抹动人的绿意。或许，它们在你眼里也是极其渺小的，甚

至是可以忽略不计的。但是，它们对于这个世界，依然有点缀的作用。更何况我们还生存着，拥有着生命，我们对于这个世界更有着不可替代的作用。

他祖孙三代单传，爷爷和父亲都是面朝黄土背朝天的农民，他觉得自己一定要有出息。可是，成绩还不错的他在高考时落榜了，失望的他偶然听到“自古军营多俊才”，他想：说不定自己到部队还能干出点名堂、混出个模样来。他怀揣着梦想来到了部队，做了一名普通的通信兵。刚开始的时候，他很高兴、自豪。可是，日子久了，整天不是爬杆架线就是打线结，要不就是背着线跑来跑去，他开始犹豫了，当个小卒有啥用？他开始食不甘味，什么也不想干了。

有一次，他与战友下象棋，一开局，他就开始发起了猛攻，“炮当头”“把马跳”“出车”“走相”，你来我往，各不想让。却没想到，战友将不起眼的小卒用得很好，小卒过河之后，竟撵着他的“车”“马”躲躲闪闪，最终他输在了对方的小卒上。“怎么样，小卒子挺厉害吧？”战友面带微笑地望着他。他虽然嘴上说厉害，但心里还是不服，于是他又请对方再来了一局，结果他还是输在了小卒上，这下他真的服了。

原来，那不起眼的小卒也有着不可替代的功用。

“小卒过河赛大车”，小卒，看起来不起眼，但是，它发挥出的作用却是很大的。或许，在生活中，我们只是平凡岗位上的一名普通职员，不过，即使在最平凡的岗位上，我们依然可以做出不平凡的事情来。无论多小的工作，你都为这个社会带来了利益，那就是你不可替代的作用。

中山国君宴请都城里的军士，其中有个大夫司马子期没有分得羊羹，他感到被怠慢了。生气的司马子期跑到楚国，劝说楚王攻打中山国。在庞大楚军的威逼下，中山君被迫逃走。在他逃走时，身边只有两个人寸步不离地保护着他。

中山君感到疑惑，问道：“别人都跑了，你们为什么不逃跑呢？”其中一人回答说：“我们是兄弟，之前我们的父亲快要饿死的时候，是你拿了食物救活了他。所以父亲临终时嘱咐我们，‘如果中山君有难，你们一定要尽力报效他。’所以我们决心誓死保护你。”

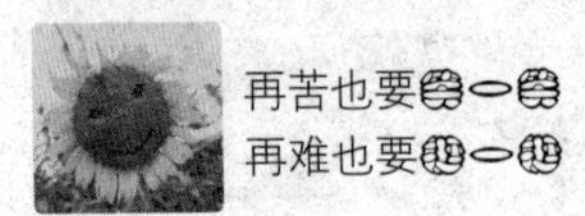

听到这话，中山君仰天而叹：“给予，不在于多少，而在于正当别人困难时；怨恨，不在于深浅，而在于恰恰损害别人的心。我因为一杯羊羹逃亡，也因一碗饭获得了两个愿意为自己效力的勇士。”

很多时候，小人物并不小，有时甚至会发挥出比大人物还重要的作用。当然，世界是不停变化的，这个世界没有一成不变的事情。那些看起来默默无闻的小人物也不会永远甘于充当小角色，或许有一天会变成厉害的大人物。

所谓“小卒过河胜似车”，在那楚河汉界，车马炮看见小卒过了河，也不免得心惊肉跳，即便是再威武的将军，最后也免不了落得被小卒吃掉的下场。或许，在生活中，我们就是那不起眼的小卒，可能是街边的清洁工，可能是普通的小职员，可能是一个小士兵，可能是一个普通的服务员。我们既没有显赫的身世，也没有卓越的能力，每天所做的就是安分守己，贡献自己微薄的力量。

对话自己

也许，我们没有自信的筹码，但是，别忘记了，你依然是人群中的一份子，你的工作、你的事业依然是跟所有人联系在一起的。这就像是一条链子，即便是少了一颗小小的螺丝钉，也会影响到链子本身的作用。因此，千万不要忽视自己的作用，相信自己，小卒过河胜似车。

自信，人生不可匮缺的功课

在生活中，许多人对自己缺乏自信，当他们去做一件事情的时候，总是担忧地说：“我觉得这件事不可能做到。”其实，他们在质疑这件事的难度的同时无疑是在否定自己的能力。

当一件事情还没有开始的时候，就先否定了自己，到最后，那些本可

以成功的事情就真的变成了不可能。信心是一切成功的保证，只要你相信自己，就没有什么不可能。

1900年，著名教授普朗克和儿子在花园里散步，他看起来神情沮丧，遗憾地对儿子说：“孩子，十分遗憾，今天有个发现，它和牛顿的发现同样重要。”原来，他提出了量子力学假设以及普朗克公式，但是，由于他一直很崇拜并虔诚地奉牛顿理论为权威的，而自己的发现将打破这一完美理论，他有些怀疑自己的判断，最终他宣布取消自己的假设。

不久之后，25岁的爱因斯坦大胆假设，他赞赏普朗克假设并向纵深处引申，提出了光量子理论，奠定了量子力学的基础。随后，爱因斯坦又突破了牛顿绝对时空理论，创立了震惊世界的相对论，并一举成名。

不自信常常会使我们失去成功的机会，或是让我们放慢前进的脚步。所以，任何时候，都要相信自己，不要怀疑自己，而要努力、勇敢地证明自己，这样我们才有可能站在成功的顶峰之上。

从前，有一个美国青年，他个子很矮，内心很自卑，30多岁依然一事无成，整天坐在公园里唉声叹气。一天，好朋友找到他，兴高采烈地对他说：“我告诉你一个好消息！”他不相信，没好气地说道：“我哪有什么好消息。”朋友高兴地说：“真的是好消息，我看到一份杂志，里面有一篇文章，讲的是拿破仑有一个私生子流落到美国，这个私生子又生了一个儿子，他的全部特点跟你一样：个子矮矮的，讲的是一口带有法国口音的英语……”他半信半疑：“真的是这样吗？”但是，他不愿意相信这是事实，可是，当他拿起那本杂志琢磨了半天，他终于相信了自己就是拿破仑的孙子。

这一发现让他完全改变了自己的内心，以前，他老觉得自己个子矮小，非常自卑，现在，他开始欣赏自己的这一特点，他心想：矮个子有什么不好！我爷爷就是靠这个形象指挥千军万马；以前，他觉得自己的英语讲得不好，像个乡巴佬一样，但是现在，他却为自己拥有带法国口音的英语而自豪。

他变得无比自信起来，每当遇到困难的时候，他就对自己说：“在拿破仑的字典里是没有‘难’字的。”就这样，他一直相信自己就是拿破仑的孙子，他克服了一个又一个的困难，三年之后他成为一家大公司的董事长。后来，他请人去调查自己的身世，发现自己其实并不是拿破仑的孙子，但是，他却这样说：“现在我是不是拿破仑的孙子，已经不重要了，重要的是我懂得了一个成功的秘诀——人生不能没有自信。”

当这位自卑的青年受到某种刺激的时候，激发了他的自信心，于是，他重新振作，并开始努力实现自己的人生目标。艺术大师徐悲鸿曾说：“人不可有自负，但不可无自信。”如果这位美国青年还是那样自卑，或许，他到现在还是一事无成。

一个自信心很强的人，他会相信自己的力量，无论什么样的困难与挫折都不能阻挡他前进的步伐，最终，他将赢得成功。相反，一个对自己缺乏自信的人，他看不到自己的力量，看不到自己的优点与长处，在追逐成功的过程中，他失去了克服困难的信心和勇气，最终，他们只能面对失败，与成功失之交臂。

在生活中，有许多身有残疾或者处于逆境中的人，他们之所以能取得旁人难以想象、难以达到的成就，正是因为他们有一股强大的精神动力——自信心。人生需要有自信心，永远不放弃，坚定地走下去，那就没有什么不可能。

自信人生从微笑开始

对成功者，有人这样提问：“你保持自信的秘诀是什么？”成功者笑着说：“因为我有一个很好的习惯，刮完了胡子，洗完了脸，我会给镜子里的自己一个微笑，每天坚持这个习惯，令我一整天都信心十足。每次遇到了问题，我总是安慰自己，我是最棒的。”原来，对自己微笑是增强自

信心最有效的方法之一，当我们内心感到自卑的时候，不妨送给自己一个微笑，你会发现，你所遇到的困难远没有你想象中的那么糟糕，而你很有信心去应付这一切。要知道，一个微笑足以让内心的自卑无处遁形。

林肯曾说：“多数人快乐的情形，跟他们所决心要的快乐差不多。一些打工者，他们的生活是艰苦的，但我们还是看到许多快乐的脸孔，这脸孔无异于在大城市的冷气办公室所看到的。”林肯自信的方法就是对自己微笑，于是，在多次竞选失败之后，他最终成为了美国历史上伟大的总统之一。

菲尔普斯从小就开始练习游泳，他一直告诉自己：“我要做专业运动员，我要拿奥运金牌，我要打破记录。”在北京奥运会之前，菲尔普斯曾微笑着说：“我要拿八枚金牌。”当时，有许多人都嘲笑他，但是，他最终凭着自信的微笑打破了世界记录，个人荣获了八枚金牌，他的自信而造就了成功。

小王大学毕业后，进入了一家大公司，不过，虽然自己拿着名牌大学的毕业证，他却只得到了一个办公室文员的职位，这令小王十分苦恼。另外，由于小王不太善于表现自己，内心有着强烈的自卑感，使得自己的才能无法施展开来。过了一段时间后，小王觉得生活压力越来越大，浑身都没有精神，莫名其妙地失眠。他觉得自己心理有了问题，在一个星期天，他走进了一家心理咨询中心。面对医生，小王倾诉了心中的苦闷，不过，医生并没有给他任何的劝导，而是提出一个小小的要求：“每天早晨起床后，什么不要干，先对着镜子里的自己微笑一下。在一天的工作中，如果感到苦闷了，就找到有镜子的地方，送给自己一个微笑。”小王半信半疑，但还是照心理医生的话去做了。

一个星期过去了，小王又去了医院，医生问他：“感觉怎么样？情况是否有所改观？”他感慨地说：“真没想到，这个办法真的很灵验。”原来，刚开始照镜子的时候，小王被自己的样子吓了一跳：眉头紧皱，满脸沮丧，活脱脱一张苦瓜脸。虽然，以前他也会对着镜子剃须、洗脸之类的，但那时都是面无表情，小王意识到自己好久没有认真地审视过自己了。他想着自己以前是一个快乐的小男孩，记得自己以前也是喜欢笑的，可是，当他第一次对自己微笑的时候，却发现笑容变得十分僵硬。

后来，小王开始每天对镜子里的自己微笑，他在镜子里看到了一个快乐的自己，他感到浑身的力量回来了。他开始有意或无意地展露自己的才华，不久之后，他就被提升为部门助理。

讲述完自己的改变之后，小王有些疑惑地问医生："请问这是什么道理呢？"医生笑着说："当你对自己微笑时，其实就是不断地给自己加油打气，微笑赶走了你内心的自卑感，你变得信心十足，因此，你的生活和工作都有了较大的改善。"听了医生的话，小王恍然大悟，同时，将"对自己微笑"作为自己的座右铭。

一个成功的推销员曾说："一个面带微笑的人永远受欢迎，因为这不仅仅是友好的表现，更是自信的表现。"因此，当他在进入别人的办公室之前，他总是停下来训练，想一些他必须感激的事情，露出一个真诚的微笑，然后，在微笑从脸上消失的那一瞬间走进去。这一点，是他推销保险成功的最主要的因素之一。如果你还处于自卑之中，那么，请给自己一个微笑，让内心的自卑无处遁形，从而有效地提升自信心。

李嘉诚在谈到自己的经营秘诀时说："其实并没有什么特别，不过是光景好时决不过分乐观，光景不好时决不过度悲观。"事实上，保持最乐观的心态，就是一种自信，而自信的直接表现方式就是微笑，拥有自信微笑的人，他们在任何时候运气都不会太差，因为上帝眷顾那些有着生命信念的人。

有人说："一个人的才能固然重要，但相信自己一定能成功的想法才是决定成败的一个关键因素，因为在遇到同样的挑战和失意时，自信的人和自卑的人各自采取的处理方式会截然不同。"

对话自己

提升自信心最有效的途径就是：每天出门之前，站在镜子前挺直腰板，然后，嘴角上扬，记住，一定要将最灿烂的笑容挂在脸上。从内心真正流露出来的微笑，将给予你最强大的力量，令你抛弃内心的自卑，更会让你重新焕发出耀眼的风采，而这恰恰是自信的魅力。

第08章 别受干扰，专心走好脚下的路

李彦宏说：“如果你想真正做事就不能天天被太多外界因素干扰。”生活中，不论成为什么样的人，不管做什么事情，我们或多或少总会受到一些外来因素的影响。如果人生想要向前走，就别受干扰，专心走好脚下的路。

别理睬那些谣言

有人说，对谣言，最大的蔑视就是不理睬。什么是谣言？谣言是利用各种渠道传播的对公众感兴趣的事物、事件或问题的未经证实的阐述或诠释。根据定义来看，谣言并没有真假之分，因为那是未经证实的信息。

但在现实生活中，有些流言在传播过程中，常常会变样，这主要是接受者和传播者的记忆错误所导致的情况，而更重要的是有的人在传播谣言的过程中会有意或无意地加入自己的主观色彩。最后，本来只是一件小事，但经过此番的添油加醋，使得小事变成了大事，于是，各种流言、谣言也闻风四起。

或者，简单地说，谣言根本是毫无根据性的猜测，如果你还有些理智，就应该对谣言采取置之不理的态度，因为你没有理睬谣言的时间。

在生活中，人们总是喜欢玩这样一种游戏——传话。这个游戏基本上大家都会玩，由一个人先说出一句话，比如“某某今天在酒店吃饭”，然后，经过其他人的传播，不出五个人，估计这句话在口水的发酵作用下就会变成“某某与某某在酒店约会”。其实，生活中大部分的谣言都来自这样自觉或不自觉的传话游戏，最终形成了谣言。

或许，有时候我们也会陷入到谣言的旋涡中，或者成为某个桃色新闻的主人公，这时，我们该怎么办呢？若是据理力争，恐怕你是有嘴说不清；生气愤怒，只会让那些谣言传播者更嚣张；伤心难过，反而会耽误自己正在做的正事。无论我们采取什么样的行动，到最后受伤的都是自己，因此，该做什么事情就去做什么事情，不要理睬任何谣言，因为你没有理

睬谣言的时间。

晓晴最近有新电影出炉，她也随队到各地参加宣传活动，在许多人看来，这个有着美丽外表和甜美笑容的女演员总像是游离在演艺圈之外。当然，晓晴这种超然态度让很多传闻四起，包养、傍大款等谣言接踵而来。

有记者问道："在外界看来，你的生活比较低调，也不怎么出席活动。"晓晴回答说："这是性格使然，拍戏是我的兴趣爱好，演员之外的其他事情我不太享受，我更看重旅游、和家人一起。"记者紧紧追问："可能是因为你低调，外界有很多关于你的谣言，比如包养这样的负面消息，你怎么来应付这些东西？"

听了记者的话，晓晴笑了笑，回答说："不同的人就会有不同的声音，除了我的朋友和合作伙伴，有多少人真正了解我呢？观众会通过你的角色来判断，我可能在电视剧里扮演了一个坏女人，许多人就会以为我生活中也是这样。其实，谣言和传闻都是有生命期限的，最大的蔑视就是不予理睬，关于解释，对于相信我的人来说，不需要，对于不相信我的人来说，再解释也没用，他们甚至还会强化这个谣言。再说，我的档期排得很满，根本没有时间来理睬那些所谓的谣言，我会用实际工作来告诉人们，我是怎么样的一个人。而且，我也相信，那些谣言和传闻终有不攻自破的那一天。"

面对谣言该怎么办呢？晓晴的话，或许就是最好的答案。所谓"身正不怕影子斜"，自己做好自己职责之内的事情就好，又何须担心那么多呢？而且，很多事情，做比说更有说服力，你越是解释，反而会越描越黑，到最后，就连你自己也搞不清楚自己到底有没有做过类似谣言的事情。更何况，在谣言四起的时候，相信你有更重要的事情需要做，比起那些事情，谣言对你而言就像是一阵刮过的风，不会影响你丝毫。与其想办法击破谣言，不如想办法干一些更有说服力的事情，这样，谣言就会不攻自破。

《荀子·大略》："流丸止于瓯臾，流言止于智者。"意思是说，没有根据的话，传到有头脑的人那里就不能再流传了，因为其中的语言经不起分析。简单地说，谣言也是有生命的，当它经不起现实分析的时候，它就会自然地消失。因此，作为当事人，你无须担心谣言对自己造成的影响，只管该干什么就干什么，不要理睬谣言，因为你根本就没有那个工夫。

面对同一件事，不同的人有不同的看法，这是因为人们评价一件事情的标准不一样。有可能你正在做的事情，是不被人们所认可的，这时，谣言就会不可避免地产生。

对话自己

如果你真的觉得自己干的事情是正确的，值得去做，那就放开了手脚去做，不要被任何人的意见和观点所束缚。有一句流行语是这样说的，“走自己的路，让别人说去吧”，清者自清，用你的实际行动向人们证明你是对的。

成熟是深谙世俗却不世俗

一说到“世俗”，就连那些目不识丁的老太太顷刻间也能心领神会。“世俗”到底是什么？举个很简单的例子，如果你想问题、做事情以及处理大大小小的细节方面都会按照和别人一样的想法思考，那么，你就世俗了。当然，对待世俗，每个人都有自由选择的权利。任何一个人都可以选择世俗，也可以选择超凡脱俗。

虽然，“世俗”确实是存在的，但是，人们在谈到它的时候，难免会皱眉，这个词儿毕竟是贬义大于褒义。作为社会中的一份子，我们该如何对待世俗，才能获得身心轻松呢？

对世俗，我们应该了解，接受。你应该明白，哪些是世俗的，并且接纳它们。当然，你也可以选择与屈原一样，不与世俗同流合污，遗世而独立。但是，我们却不能成为屈原，当别人都在骂我们是疯子的时候，你可能没勇气向屈原一样对他们说出“举世皆醉我独醒”的疯话来。因此，我们需要了

解世俗、接受世俗，而不逢迎世俗。简单地说，我们应该很好地融入世俗的社会，却不要成为一个世俗的人，所谓“出淤泥而不染”，道的就是如此。

陶渊明曾写了这样一首诗：“少无适俗韵，性本爱丘山。误落尘网中，一去三十年。羁鸟恋旧林，池鱼思故渊。开荒南野际，守拙归园田。方宅十余亩，草屋八九间。榆柳荫后檐，桃李罗堂前。暧暧远人村，依依墟里烟。狗吠深巷中，鸡鸣桑树巅。户庭无尘来，虚室有余闲。久在樊笼里，复得返自然。”

在封建社会，多少人读书为了求得一官半职而苦读十载，陶渊明却不愿意为五斗米折腰而愤怒辞官归隐。他两袖清风，一气之下在官场愤然绝迹，如此的高风亮节确实让人拍案叫绝。

官场黑暗，陶渊明愿意与世俗无缘，愤然辞官归隐。当然，做出这样超凡脱俗的举动是不为世人所理解的，代价也是很大的，不过，世人对于这种胆识和傲骨还是由衷地佩服的。身处现代社会的我们，早已经成为了社会中的一份子，夹杂在各种各样的关系中，我们不能脱离了社会而独立存在。或许，我们做不到无缘世俗，但依旧可以做到“不逢迎世俗”。

他饰演的方鸿渐有一种很茫然的笑容，很瘦，目光里有一种说不清的东西。有人说他的魅力在于眼神，那么锐利而内涵丰富的眼神，即使在低头的时候，也隐隐带着黑夜的气息；抬头的时候，目光明澈，像冰冷的月光。

有人说，陈道明是活在夹缝中的人。在他那精湛而淳朴的生活艺术中，感性与理性并存，清高与亲切并存，冷漠与多情并存，超脱与世俗并存。听说，陈道明平时就爱干四件事：读书、上网、弹琴、打球。不过，在网上的一个关于他的资料库里，还赫然写着：麻将。看来，对于世俗的东西，他还是接受的。

大多数明星喜欢活在鲜花与掌声中，他却不一样，低调的华丽显现他超凡脱俗的气质。许多明星硬编也要为自己编一个绯闻，他却远远躲着绯闻。对于世俗，他从来不逢迎，问到他最喜欢的事情，他只是这样回答：“我最喜欢的事？就是搬一凳子，往那儿一坐，看天发呆。”

张爱玲曾在《天才梦》中说："……直到现在，我仍然爱看《聊斋志异》与俗气的巴黎时装报告……"她这个女人似乎确实俗透了，但是，仔细一端倪，发现她的世俗却又是别具一格的。

在历史上，有许多世俗到了极点的人，正因为他们将"世俗"坚持到底，因而走向了另外一个极端，慢慢地从世俗走向了卑鄙、无耻、市侩。比如一千多年前的秦桧，他就是一个世俗到极点的人，为了一己之私而不择手段地做出卑鄙之事：假传圣旨宣岳飞收兵回府，将岳飞父子以"莫须有"的罪名杀害于风波亭。因过度世俗，秦桧成为了历史上卑鄙无耻之徒的"典范"。

生活中，没有一个人能真正地做到超凡脱俗，我们都不过是一介凡夫俗子，又怎能脱离世俗而存在呢？对世俗，我们要多了解，主动接纳它，但是，对于世俗的人和事，不要曲意奉承，而要努力做好自己。

太在意别人的看法会模糊未来方向

卡耐基说："你见过一匹马闷闷不乐吗？见过一只鸟儿忧郁不堪吗？之所以马和鸟儿不会郁闷，是因为它们没那么在乎别的马、别的鸟儿的看法。"在生活中，许多人因为太在意别人的目光而失去了自我，这简直是得不偿失。当然，我们作为社会人，生活在各种各样的关系中，完全不在意别人的目光那是不可能的。事实上，我们对自己的评价，很多时候是需要借助别人对我们的看法而作出的。

因此，对于别人的目光，我们需要考虑，但并不应过分地注重，否则，你就会感觉到自己活得很累。在很多时候，我们会特别羡慕那种所谓的"好人缘"，似乎每个人都能与他聊到一块去，他说的每一句话，所做

的每一件事，都是以大家的目光为标准。

在公司，上司说这个方案不行，他一句话不说，马上改成了上司喜欢的方案；挑剔的同事说，你今天的打扮好像不太和谐，第二天，他就真的换了一套符合同事眼光的服饰；在家里，爸妈说，你新交的男朋友没有固定的工作，她就真的决定与男友分手，重新找了一个能让父母觉得满意的男朋友。在这个过程中，人们会发现，自己不过是因为太在意别人的目光而讨好身边的人而已，他们已经逐渐失去了自我。

小燕是一名歌手，以前，她也有过抱怨的时候，每次上节目，她都会抱怨："我太辛苦，实在受不了压力太大的生活。有时候，我太在意别人的目光，我需要讨好歌迷、媒体。我一年发行两张专辑，但是，自己又想把工作做得更好，这样的工作量简直令我崩溃。"以前，她的工作时间安排得很紧，白天上通告作宣传，晚上还要去录音棚完成下一张专辑的录制，这样的生活超出了小燕可以承受的范围，每天她都感觉到很累，但是，心中的怨气却无处诉说。最后，在内心快要崩溃的时候，她选择了退出歌坛。

在四年的休息时间里，小燕做自己喜欢的事情，她说："以前大家都是看我怎么变化，而我也因此很在意大家是怎么看我的。现在我是用自己的脚步来看大家的改变。虽然，现在我年纪大了，似乎变得老了一些，但是，年龄并不是我能掩盖的东西，我也想永远年轻，但是，我更懂得这就是时间给我的礼物。在我成长的过程中，我得到的最大一份礼物是不用费劲去考虑大家是怎么看我的，而是只需要做自己喜欢的东西，跟着自己的步伐，在以后的时间里，如果我能完全坚持自己的选择，那就是最好的生活。"对于小燕来说，她的年龄大了一些，但是，正是这样一个年龄，是一个不需要讨好任何人的时候。

最近，小燕复出了工作，在工作上，她已经与唱片公司达成了一致的意见，不需要拿任何事情炒作新闻，同时，不需要为了赢得名气而故意谎报唱片的销量，自己可以自由自在地唱歌，这恰恰是小燕最喜欢的一种状态。

小燕告诉所有的媒体："我不需要讨好所有的人，我不需要在意别人的目光，我只需要做自己喜欢的事情。"然而，就是这样一句话，令所有的媒体工作者既羡慕又嫉妒，因为，对于媒体工作者来说，他们的工作无时无刻不是在在意别人的目光，在讨好所有的人，从而将自己的委屈和自尊放弃。每天，都有许多人为了人际交往，为在意别人的看法而活，他们在这样的过程中感到很累，甚至感觉到心力透支。

在生活中，不管是一个什么样的人，不管这个人做不做事，是少做事还是多做事，做的是什么事，他都会招来别人的看法和评价。而对于那些目光和议论，有的人会把它作为自己行动的标准，他们很在意别人是怎么看待自己的。所导致的结果是，他们在做事情时畏首畏尾，把自己搞得很紧张，好像自己在为别人而活。其实，根本没有必要这样，因为我们既不是演员，也不是在表演，我们的目的就是做好自己的事情，又何必那么在意别人的目光呢？

如果你总是在想别人是怎么看待自己的，总是通过别人的目光来修正自己，那么，最后你会完全失去自我，从而变成一个别人目光中的自己；更为严重的是，你将变得闷闷不乐、忧虑不堪，你完全失去了心灵应有的轻松与快乐。

你可以，想做的就去做

在很多时候，我们都有着自己的想法：希望自己将来能像松下幸之助一样成为获得巨大成功的实业家，希望进入自己梦寐以求的公司，谋得一个称心如意的职位等。但是，最终，有的人能够实现自己的愿望，拥有成功的人生；而有的人却不管怎么努力都达不到自己的理想，过着不幸福的日子。

约瑟夫·墨菲说："决定你命运的绝不是才能，更不是环境和外在条

件，而是你的思考方式，即你的想法。”从现在起，想象自己要成为什么样的人，然后让这种“心想”成为一种习惯，在潜意识强大的力量之下，自己真的会成为想象中的人。你想成为什么样的人，就努力去成为这样的人；你想成就什么事业，就马上去行动。为什么不呢？时间就是资本。

阿尔伯特·哈伯德出生于美国伊利诺州的布鲁明顿，父亲既是农场主又是乡村医生。年轻时的哈伯德曾在巴夫洛公司上班，是一名很成功的肥皂销售商，但是，他却对此感到不满足。1892年，哈伯德放弃了自己的事业进入了哈佛大学，然后，他又辍学开始到英国徒步旅行，不久之后，哈伯德在伦敦遇到了威廉·莫瑞斯，并喜欢上了莫瑞斯的艺术与手工业出版社。

哈伯德回到美国，他试图找到一家出版社来出版自己的那套《短暂的旅行》的自传体丛书，但是，他没有找到任何一家出版社。于是，他决定自己来出版这套书，他创建了罗依科罗斯特出版社。书出版之后，哈伯德成为了既高产又畅销的作家。随着出版社规模的不断扩大，人们纷纷慕名而来拜访哈伯德，最初游客会在周围住宿，但随着人越来越多，周围的住宿设施已经无法容纳更多的人了，哈伯德特地盖了一座旅馆，在装修旅馆时，哈伯德让工人做了一种简单的直线型家具，而这种家具受到了游客们的喜欢，哈伯德开始了家具创造业。哈伯德公司的业务蒸蒸日上，同时，出版社出版了《菲士利人》和《兄弟》两份月刊，而随后《致加西亚的信》的出版使哈伯德的影响力达到了顶峰。

有人说，阿尔伯特·哈伯德拥有无比传奇的一生，他之所以能在多方面都获得成功，在于他从来都是想做就做，不断地朝着自己的一个又一个目标而努力奋进。阿尔伯特·哈伯德是一位坚强的个人主义者，一生坚持不懈、勤奋努力地工作着，成功对于他来说是理所当然的。

在《致加西亚的信》中，阿尔伯特·哈伯德讲述了罗文送信这样的情节：“美国总统将一封写给加西亚的信交给了罗文，罗文接过信以后，并没有问‘他在哪里’，而是立即出发。”犹豫、拖沓的生活态度，对许多人来说已经是一种常态，要想成为罗文这样的人，我们就应该马上去做。

在麦克小学六年级的时候，由于考试得了第一名，老师送给他一本世界地图，麦克十分高兴，回到家就开始翻看这本世界地图。然而那天正好轮到他为家人烧洗澡水，他一边烧水，一边在灶间看地图。突然，麦克看到了一张埃及的地图，原来埃及有金字塔、尼罗河、法老王，还有许多神秘的东西，他心想：我长大以后一定要去埃及。很不幸的是，麦克正看得入神的时候，爸爸走过来了，他大声对麦克说："你在干什么？"麦克说："我在看地图。"爸爸跑过来给了他两个耳光，然后说："赶快生火！看什么埃及地图！"然后，爸爸又踢了他一脚，严肃地对他说："我给你保证！你这辈子绝不可能到那么遥远的地方！赶快生火！"

麦克呆住了，心想：爸爸怎么给我这么奇怪的保证，真的吗？难道我这辈子真的不能去埃及吗？20年后，麦克第一次出国就去埃及，朋友都问他："你到埃及去干什么？"我说："因为我的生命不要被保证。"麦克自己跑到了埃及，当他坐在金字塔的最前面，他买了张明信片写给爸爸："亲爱的爸爸，我现在在埃及的金字塔前面给你写信，记得小时候，你打我两个耳光，踢我一脚，保证我不能到这么远的地方来。"

人生的精彩源于梦想的精彩，你的行为决定成就的高度。其实，我们每个人都是自己命运的设计师。人生的道路该如何去走，向着什么方向去走，最终要达到什么样的目标……对于所有这些问题，我们都应该有自己的立场，而不需要被别人保证。如果我们想去做事情，为什么不去呢？如果我们失去了尝试的勇气，那么一生也不会有什么大的作为。

许多人总是说："我想做……"但他们总是停留在口头表达上，迟迟不肯行动，前怕狼后怕虎，又想去做，但又担心失败，结果就是卡在那里，多年后依然是平平庸庸，事业也不见起色。

实际上，人因为有时间作资本，所以哪怕失败了也可以一切重来。如果你总是犹豫不决，怕前怕后，那只会一事无成。所以，我们要珍惜自己的美好时光，想去做就去做。记住：你可以，想做什么就去做吧。

第09章 别太将就，生活自然厚爱于你

张嘉佳说：“凡事别将就，一辈子别扭。”生活中，你是否将就着生活？读书将就、工作将就、结婚将就，结果一辈子就这样将就下来。虽然，一切不必太执着，但凡事太过将就，只会让生活更加不如意。

让人生远离不良行为

在物理学上，物体上坡需要消耗一定的能量，当其上升到一定的高度时，就会蓄积一定的势能，但是，势能一旦释放就会转变成动能，会成为下坡的动力，这就是我们常说的“下坡容易上坡难”。其实，人生也有上坡与下坡，上坡可以比喻成为“学好的过程”，下坡则比喻为“学坏的过程”，而最终行成的规律就是“学坏容易学好难”。

俗话说：“学好千日不足，学坏一日有余。”坏习惯、自由散漫一学就会，而严守纪律、严格约束自己则要困难得多，这个规律被称为“下坡容易定律”。这个定律提醒我们：要想成为一个有用的人，要想有所作为，就一定要严格要求自己，付出艰辛的努力；假如我们习惯于贪图享乐，很容易使自己变得懒散堕落，最终一事无成，甚至有可能会步入歧途。

贝利在小时候参加了一次激烈的足球赛，比赛结束之后，贝利累得喘不过气来。休息的时候，贝利向小伙伴要了一支烟，他得意地从嘴里吐出一缕缕淡淡的烟雾，贝利有点陶醉了，似乎刚才的疲劳也随之消失了。然而，这一切被父亲全看见了，父亲的眉头皱得很紧，晚上，父亲问贝利：“你今天抽烟了？”贝利意识到自己做错了事情，低声回答：“抽了。”不过，父亲并没有发火，他在屋里走了好半天，才平静地对贝利说：“孩子，你踢球有几分天资，也许将来会有出息，可惜，你现在要抽烟，抽烟会损坏身体，使你在比赛时发挥不出应有的水平。”小贝利涨红了脸，头更低了，父亲接着说：“作为父亲，我有责任教育你向好的方面努力，也有责任制止你的不良行为，但是，是向好的方向努力，还是向坏的方向滑

去，你自己才能作决定，我只想问问你，你是愿意抽烟呢，还是愿意做个有出息的运动员呢？孩子，你该懂事了，自己选择吧！”说着，父亲掏出一沓钞票，递给贝利，说道：“如果你不愿意做个有出息的运动员，执意要抽烟的话，这点钱作为你抽烟的钱吧！”说完，父亲就走了出去。贝利望着父亲远去的背影，回味着父亲恳切的话语，他难过地哭了，突然，贝利拿起桌上的钱还给了父亲，坚决地说：“爸爸，我再也不抽烟了，我一定要做个有出息的运动员。”

贝利开始走向了上坡路，通过刻苦训练，贝利的球艺突飞猛进，15岁参加桑托斯职业足球队，16岁进入巴西国家队，被人们称为“黑珍珠”，他就是球王贝利。

在生活中，我们要经常检查自己，督促自己，戒掉自己的不良习惯，严格要求自己，不断地完善自我，最终成就自我。在人生的道路上，我们要面对各种不同的挑战，但是，我们最大的敌人并不是别人，而是自己，我们更要勇于挑战自我。

一旦察觉自己有了走下坡路的趋势，一定要及时刹车，努力戒掉坏习惯，这样我们才有足够的能量踏上“上坡路”。

对于约翰尼·卡特来说，虽然自己的梦想实现了，但是人生的挑战还没有结束，在几年的巡回演出过程中，卡特的身体拖垮了。每天晚上，卡特都需要借助安眠药才能入睡，而且需要服用“兴奋剂”来维持第二天的精神状态。

逐渐地，卡特沾染上了坏习惯，酗酒、服用催眠镇静药和刺激兴奋药物，越来越严重的坏习惯，导致他对自己失去了控制能力，在以后的日子里，他不是在舞台上就是在监狱里。

有一次，卡特从一所监狱刑满出狱的时候，一位行政司法长官对他说：“约翰尼·卡特，今天我要把你的钱和麻醉药还给你，因为你比别人更明白你能充分自由地选择自己想干的事。这就是你的钱和麻醉药，你现在就把这些药片扔掉吧，否则，你就去麻醉自己，毁灭自己，你自己作出选择吧！”卡特一瞬间醒悟了，他选择了生活，他找到了私人医生，痛下决心戒掉坏习惯，医生不太相信他：“戒毒瘾比找上帝还难。”卡特决心“一定能找到上帝”，他开始了漫长的戒毒之路，卡特将自己锁在卧室闭门不出，忍受着巨大的痛苦。当时，在卡特面前的有麻醉药的引诱，有奋斗目标的呼唤，卡特选择了奋斗，漫长的9个星期过去了，卡特回归了久违的生活。重返舞台后，卡特成为了一名著名的灵魂歌手。

一个人想要征服世界，首先要战胜自己。在日常生活中，我们很容易陷入自我的泥潭而无法自拔，沾染上一些坏习惯，整个人变得颓废不堪。学坏总是那么容易，而要想学好却是难上加难，为了避免自己一不小心走“下坡路”，我们应该时刻警惕自己的行为，努力走向上坡，然后欣赏别样的风景。

哲人说：“贪图享乐是厄运的源头，克制好自己的欲望，做好自己的事情，才能平平安安地度过自己的人生之旅。”随时警惕自己的行为，不要让自己踏上贪图享乐之路，无论是欲成大事者，还是一个普通的人，我们都应该学会自制。

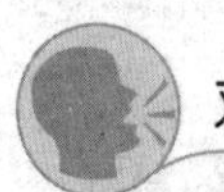

对话自己

当自己失去了约束，你就会不断地放纵自己，直到毁灭的那一天。生活对于我们而言，每天都充斥着未知的诱惑，可能是金钱与地位，可能是享乐与欲望，当你开始深陷其中的时候，是否察觉到人生已经开始走下坡路了呢?

请不要选择安逸的生活

在漫漫人生道路上，有着这样或者那样的选择，小到升学，大到择业。是的，我们在一生中，不知道面临了多少次选择。每一次选择都会带来不同的结果，有的成功了，有的却失败了。虽然，成功与失败并不是我

们所能决定的，但是多多少少会与自己的选择有关系。如果你选择对了，那么你成功的概率就会大很多，事实上，在某些时候，选择会直接决定你的成败。有人喜欢平坦的大道，有人喜欢曲折的小路，不过，在这里建议所有人：当你迷失的时候，选择更艰辛的那条路。因为困难的路越走越容易，容易的路越走越困难。

什么样的选择决定着什么样的生活，什么样的目标决定着什么样的结果，每一次选择都是你将来生活的底片。所以，每一次选择都必须慎重，这样你才有可能为自己选择一个对的方向，促使着人生走向成功。否则，你只能为你不负责任的选择而买单，那将是痛苦的失败。因此，认真审视，尽可能地把每一次机会都选对，这样你才能离成功越来越近。

在安静的寺庙里，有一座木雕神像，它每天受着信徒的顶礼膜拜，享受着尊崇的地位和荣耀，还不断地接受虔诚施主的香火和供奉。但是，旁边的木鱼却没有这样的优厚待遇，它只能被放在神桌前，当和尚要进行早晚诵经的时候，就经受着不断地敲打。

在某一天夜里，受够了敲打的木鱼实在忍不住了，它向神像问道：“我们来自同一块木头，为什么你可以享受供奉，而我却每天都要被和尚们敲打，我难过死了，为什么我们的命运会有这么大的差别呢？”神像笑了，它说道：“其实，命运差别的原因就在于昨天的抗挫折能力和忍耐强度，这些决定了今天成就的大小。当初，你不肯接受大师的雕刻，所以，现在你只能做一只小小的木鱼。我知道只有经过了雕刻之苦才能成就未来，所以选择了接受大师的雕刻，终于把自己变成一尊受人敬仰的神像。这也难怪我们今天所受的待遇会有天壤之别了。”

即使是来自同一块木头，它们也有着不同的选择。木鱼忍受不了雕刻之苦，所以只能成为一只小小的木鱼，还要整日受人敲打；而另一块木头选择了更艰辛的路，所以铸就了自己的成功，成为了人人敬仰的神像。年轻人，你是愿意当神像，还是愿意做木鱼，决定权完全在你自己手中。人生也是一样的道理，即使是相同能力的两个人，不同的选择也会带来不同的结果。

人生中有许多次选择的机会，如果你想每一次选择都为自己带来成功，那么只能尽力选对的而不选错的。一次正确的选择，对于一个人的一生来说都是很重要的，它就如同一把打开成功之门的钥匙，只要选择对了，你的人生就会获得莫大的成功。当然，即便你错了，也不是完全不能成功，但是这样会多走一些弯路，多走一些错路，也耽误了成功的到来。

我们每天都面临很多的选择，也有许多困惑和烦恼，不知道该选择哪一条，那么，不如选择艰辛的路吧。当你明白路途的艰辛后，不论对与错，你都会努力去做，会变得更慎重、更认真，也能从中学到更多东西，更容易成功。

比尔·盖茨是一个天才，13岁开始编程，并预言自己将在25岁成为百万富翁。他是一个商业奇才，独特的眼光使他总是能准确看到IT业的未来，独特的管理手段，使得不断壮大的微软能够保持活力。他更是一个神话，39岁便成为世界首富，并连续13年登上福布斯榜首的位置，这个神话就像夜空中耀眼的烟花，照亮了所有人的眼睛。

1973年，盖茨考进了哈佛大学，他和史蒂夫·鲍尔默结成了好朋友。在哈佛的时候，盖茨为第一台微型计算机MITS Altair开发了BASIC编程语言的一个版本。

在大学三年级的时候，盖茨毅然决定退学，离开了哈佛大学，并且把自己的全部精力投入到他与孩童时代的好友Paul Allen在1975年创建的微软公司中。在计算机将成为每个家庭、每个办公室中最重要的工具这样信念的引导下，他们开始为个人计算机开发软件。盖茨的远见卓识以及他对个人计算机的先见之明促使了微软和软件产业的成功。

哈佛大学作为世界知名的学府之一，是无数求学者的梦想。而比尔·盖茨却选择了退学，这在当时看来，或许所有的人都认为他的选择是一个错误，但是，事实证明，他并没有选择错误，因为他选择了更艰辛的路，尽管之前走得比较困难，最后却越来越平坦。

每个人都要学会为自己作一个正确的选择，那样才能促使自己成功。也许，有人会问什么样的选择才是对的，其实，这个问题并没有实质性的

答案，你并不需要问什么样的选择才是对的，而是应该问如何来选择才会是对的。

人生总会遇到迷茫而不知道如何选择的时候。决定你能成为什么样人的，不是我们的能力，而是我们的选择。泥泞而又艰辛的路往往会留下清晰的脚印。年轻人，请不要在最能吃苦的时候选择安逸，为了到达终点，请付出别人难以企及的努力。

积极进取，不安逸于现状

在这个世界上，有两种人很可能一生一事无成：一种是自甘堕落、无所追求的人；一种是那些轻易就觉得满足，从此不思进取的人。对于大多数受过高等教育的年轻人而言，理想教育在他们心底早已根深蒂固，教育专家们所担心的不再是个人的盲目、无知，而是要考虑怎么帮助他们树立可行的、实际的目标和理想。

因此，我们说，这一代的年轻人，如果了此一生时仍无所作为，那他多半属于容易满足的人。古人云：路漫漫其修远兮，吾将上下而求索。这是对知识、对自我的一种永不满足，也只有这样的人，才能最终成就他的伟大。

世界顶尖潜能成功学大师安东尼·罗宾在“心灵革命”的课程中，为了证明人类的巨大潜能曾做过下面的实验：

那是一种赤足从火上走过的课程，在整堂课里，所有的学员都必须面对火红炽热的木炭所铺成的“火路”，然后大胆地赤足走过。对于那些没有这种经验的人来说，那是极为骇人的场面，有的人哭叫，有的人腿软

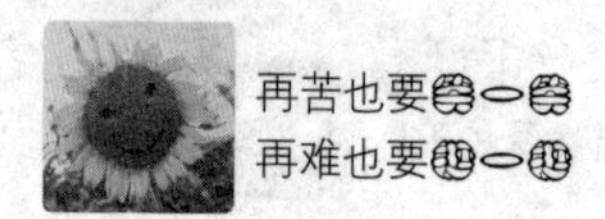

了，更有的人浑身发抖，甚至有人苦苦哀求免去这种“考验”，不过最终所有的学员还是得走过这条路，因为没有经历过这场考验的人，就无法在随后的课程中取得最大的效果。

对此，安东尼·罗宾说：“我们当中很少有人有过这样的经验，但是有不少人看见过他人赤足走过火路的场面，特别是在寺庙的拜火祭典中。当我们看见别人平安走过火堆之后，总以为是神明在庇护那些人，或是有人预先在火堆中做了手脚，殊不知只要在妥善安排的情况下，人人都能平安走过。”

由于大多数人不了解人体的神奇机能，以无知来接触那些自己视为可怕的遭遇，便容易陷入畏缩不前的状态中。当那些研讨会的学员在咬紧牙关平安走过火堆后，他们整个观念会有很大的改变，因为原先认为做不到的事情，竟然可以轻易实现，而且毫发无损。原来，“任何限制都是从自己的内心开始的”。

被无知蒙蔽双眼、绊倒自己，这种可悲与悔恨想必每个人都曾有过。这并不是因为我们天生愚昧，而是在认识自己、认识事物时，你在做途中跑，而没有尽快地跑到最终。认识自己、把握自己，从而不断地“修筑”自己，你的事业才能尽快扬帆启航。在远行的途中，任何光彩夺目的成就只是迈向事业成功的一小步。

只有不满足于现在的成就，才能认识到自己在成功的道路上只走了一小步；只有不满足，才会不断地提高和完善自己；只有不满足，才会渴求下一次更大的成功。

在艺术界，毕加索的的大名无人不知。这位西班牙的著名画家，活了91岁。而在90岁高龄时，当他拿起画笔开始创作一幅新画的时候，对眼前的事物仍然好像是第一次看到时一样。年轻人总喜欢探索新鲜事物，探索解决问题的新方法，他们朝气蓬勃，热衷于试验，从不安于现状；老年人总是怕变化，他们知道自己什么最拿手，宁愿把过去的成功之道如法炮制，也不愿冒失败的风险。可毕加索不是普通人，当他90岁时，仍然像年轻人一样生活着，不安于现状，寻求新思路和新的表现手法，所以他成了

20世纪最负盛名的画家之一。

毕加索生前体验了从穷困潦倒到荣华富贵的转变，其艺术作品也经历了从无人问津到被人高度赞赏两种境遇。这正是他永远把现在的成就看作是成功的一小步，满怀希望地憧憬着下一次的成功，永不满足、不懈追求的结果。

“球王”贝利在足坛上初露锋芒时，有个记者曾问他：“你觉得，自己哪个球踢得最好?”他回答说：“下一个!”当贝利在世界足坛上大红大紫、踢进1000个球之后，记者又问他同样的问题，而他仍然回答：“下一个!”在事业上有所建树的人都同贝利一样，有着永不满足、不断进取的精神。

对于那些永不满足、希望人生能不断实现突破的人来说，人生最精彩的部分永远是在下一次，在未来。永远对未来充满憧憬，才能以更好的心态去面对、去希望，然后用这种满怀希望的心态做事，才能取得更大的成就。

优秀的人永远把现在的成就看作是一个新的起点，现在的成功只是万里长征中的第一步；而普通人取得一点成就，就洋洋得意，满足于现状。所以，优秀者一步一步从优秀走向卓越；而普通人固步自封，往往坐吃山空。

工作不合适，请别将就

如果身边的朋友、家人建议你去银行当职员，但事实上你只是喜欢待在蛋糕店里做蛋糕，那么你的选择是什么呢？曾经有人抱怨：“我很想成为一名歌星，但是我父亲却希望我能成为一名医生，我该怎么办呢？”事实上，别人的期望，不能成为你被迫选择的理由。

曾经为杜邦公司雇用上千名员工，后来成为美国家居用品公司劳资关系助理干事的爱德娜·科尔夫人也有相同的看法，她说：“现代年轻人最大的悲剧在于他们根本不知道自己想做什么，这些刚刚大学毕业的年轻人拥有达特蒙斯学院的学士学位，或者拥有康乃尔大学的硕士学位，不过他们却对我说，请问我可以为你的公司做些什么？我觉得这些每天只知道工作，最后只拿到工资的年轻人真是可怜。”既然他们对自己想做什么工作都根本不知情，那又怎么会对这份工作感兴趣呢？

你或许不知道，一份适合的工作可以展现出自己最大的价值。

大卫·奥格威曾当过推销员，做过农夫，当过外交官。他移居到美国，同时不断往来于欧洲大陆。年轻时的奥格威雄心勃勃，他有两个梦想：一是拥有一部劳斯莱斯汽车，二是获得爵士爵位。于是，每到黄昏的时候，他都会去英国国会下议院，坐在观众席里倾听别人讨论，他渴望自己有一天也能参加这里的讨论。

但是，突然有一天，奥格威发现自己对这一切失去了兴趣，他对自己说：“这里并不适合我。”然后，他就站了起来，以一种坦然而轻松的心情走出了下议院。解脱之后，他的内心却充满了焦虑：自己38岁了，还能够使生命辉煌吗？没过多久，奥格威创办了一家广告公司，经过多年的发展，他被誉为现代广告的“教皇”。

大卫·奥格威找到了适合自己的工作，演绎了精彩人生。悠悠生命历程里，我们只有找到适合自己的工作，才能展现出自己的人生价值。

其实，在这个世界上有许多人讨厌自己的工作，他们成为了“工业发展不协调的受害者”。一个人应该选择适合自己的工作，因为在生活中有许多人是因为对自己的工作不满意而产生了诸多烦恼、悔恨和挫败感的。

菲尔·约翰逊的父亲拥有一家洗衣店，由于父亲希望儿子能子承父业，所以父亲在店里给约翰逊安排了一份工作，希望约翰逊可以接手自己的生意。但是，菲尔·约翰逊一点也不喜欢洗衣店的工作，他每天都在店里偷懒，整天晃荡，只要做完自己的工作，他就撒手不管。有时候，他干

脆玩失踪，根本不来店里上班。约翰逊的父亲觉得儿子真是没出息，在那么多员工面前，儿子真是将自己的脸丢光了。

有一天，菲尔·约翰逊主动对父亲说："我想去一家机械工厂做个技工。"出去当工人？难道儿子想走自己曾经走过的老路吗？父亲非常震惊，他坚决不同意。不过，习惯我行我素的约翰逊才不管父亲反对的意见，他依旧穿着沾满油渍的工作服去工作。在机械厂，约翰逊比在洗衣店更努力地工作。尽管机械厂每天的工作时间很长，不过菲尔·约翰逊吹着欢快的口哨就可以度过快乐的一天。渐渐地，约翰逊发现自己喜欢上了工程学，他开始认真研究各种发动机，他的生活中只有各种机械相伴。

1944年，菲尔·约翰逊去世。不过，此时的约翰逊已经是波音飞机公司总裁，正是他研究制造出来的"飞行堡垒"使得美国赢得了战争。

假如一个商人看不起自己的生意，那就有可能会让自己的生意溃败。假如约翰逊当时留在了父亲的洗衣店，后来，这家洗衣店会怎么样呢？或许在父亲去世之后，这门生意早就毁掉了，那家曾经的洗衣店早就关门了。

假如你听从了父母或朋友的建议，选择了一个不喜欢的工作，那么，最后你绝对会崩溃。作为最伟大的精神病学家，威廉·明基博士曾经在战时负责军队中的精神病学部门。他曾说："我们在军队中学到了许多东西，比如正确选用人才和安排工作的重要性、确认自己正在做的工作的重要性。如果一个人对自己从事的工作丝毫不感兴趣，那他就会感觉自己被放错了位置，没有得到足够的重视，自己的才能尚未得到发挥。这样发展下去，他有可能患上精神疾病，甚至真的会患这种疾病。"

在这里，我们需要提醒大家：千万不要因为家人希望你做，你就被迫去做某笔生意或交易。除非你自己愿意，否则不要开始某项事业。但是，对于来自父母的建议，你还是应该慎重考虑，毕竟父母走过的桥远远多于我们所走过的路，他们拥有从大量的经历中才能获得的智慧。不过，最后还是要由你自己来作决定，毕竟不管你选择什么样的工作或职业，最终是你本人来享受它带来的快乐或承受它带来的痛苦。

对话自己

不管从事哪份工作，首先应该确定它是自己感兴趣的，这样才能拥有继续为之努力的理由。假如仅仅听从父母或朋友的建议，选择一份看上去前途不错的工作，但自己丝毫不喜欢，这样即使勉强去做这份工作，最后也是收效甚微的。

别做温水里的青蛙

在职业生涯中，我们总会处于各种各样的环境中。不过，若是在同一种环境下工作得太久，总免不了会产生一种现象，那就是被环境同化，使自己丧失上进心和适应能力，以致只能适应目前的工作环境。大量数据显示，人们做同一份工作差不多3年之后，工作环境就会产生“青蛙效应”：工作环境和身边的同事太熟悉，工作基本缺乏太大的挑战，可以说是安逸稳定，也可以说是原地踏步。

如果对你而言现在的工作难度看起来不那么高，尽管自己也清楚这样的安逸状态持续下去是可怕的，而你却缺乏接受更难工作的勇气——一旦出现这样的情形，你就需要警惕了，否则你就真的成了那只温水里的青蛙了。

小娜大学毕业后，被父母安排到小镇的政府上班。这是一份悠闲的工作，工资待遇很不错，福利也有保证，工作环境安逸。这对于刚刚大学毕业的小娜而言，无疑是一种幸福，她在小职员的岗位上快乐地工作着。而这一时期，一起毕业的同学们还在辛苦地奔波着找工作，比起他们，小娜觉得自己起点高多了。而且，自己的工作比起那些销售、广告设计等工种，不管是人事制度还是工作方式都要更加专业，更重要的是工作难度并

不大，每天只需要看看报纸、写写报告就行了，小娜觉得这是非常安逸的工作。

五年过去了，小娜一直在政府做着小职员的工作。当她发现自己身边的朋友开始步入管理岗位，自己却依然做着小职员的工作的时候，她才开始渐渐意识到：一直从事简单的工作，表现自己的机会自然也少了很多，缺乏学习新东西的机会。而且自己一直安于现状，不主动积极争取机会，这些年来的收获甚至比当初进公司一工作就独当一面的同学少很多。尽管当初自己的待遇算是比较可观的，但现在看起来却是差了很大一截。

任何一份工作都会有令人喜欢的部分，也会有令人不喜欢的部分。一份工作是否让人喜欢，需要综合考虑，比如工作中的满足感、被认同感、个人兴趣、未来发展、薪资福利，甚至工作时间……并非每一个安于现状的人都会成为温水里的青蛙，也并非所有的温水都一定会烧开。每个人的价值取向、性格脾气、家庭情况是大不相同的，作出彻底改变固然值得赞赏，不过我们若能在现有的基础上调整自己适应环境，也是值得夸赞的。

工作中涉及专业技能的内容并不多，或者即使有，也只有那么一点，因为已经太熟悉了，自己也没有再去学习；自己所从事的行业并非朝阳行业，或者即使是朝阳行业，也并非核心部门；从事工作这么多年以来，职业或待遇没有显著变化，或许几年前工资待遇是令人羡慕嫉妒的，但这几年下来，别人都已经进步了，你却依然在原地踏步；你与身边的同事一起工作很多年了，但始终只有几个才是关系不错的，甚至领导对你的印象也不深刻。

如果你符合这两个以上，那么你已经是温水中的青蛙了，应该保持警惕心态了。

大多数人看不清楚目前的状况，对未来充满迷茫，这在很大程度上是由于对未来没有一个十分明确的规划，也不清楚自己希望朝着什么方向发展。正所谓“生于忧患，死于安乐”，内向者不妨计划一下自己五年之后希望变成什么状态，若是按目前的状况是否可以走到那一步。

每一笔人脉背后都是一个潜力的圈子，内向者的职场发展在很大程度上依赖于人际关系圈子。内向者要敞开自己的心，多认识一些朋友，这样很有可能带给你意想不到的机会。

不断的学习会让我们意识到身边的危险和即将要出现的变化。让自己开拓视野，而不要固步自封，原地踏步。在这方面所有职业都是相通的，即便是公认的温水环境，比如政府部门。尤其需要提醒的是，千万不要等到工作有需要才想到学习，而要将学习当成主动的目标，没事时哪怕看看书也是很不错的。

假如自己真的决定摆脱“温水”环境，不管是寻找全新的职场机遇，还是在现有的环境下作出改变，那都需要适度忍让。这种忍让有可能是待遇方面的，也有可能是工作变动等。假如一时的后退可以换来更大的前进，那所有的一切都是值得的。

对话自己

当然，身处温水环境里并不是最可怕的，可怕的是身在其中却不知，依然浑浑噩噩地过日子。所以，我们需要随时保持自省的意识，保持清醒的头脑，具备敏感度和警惕性，即使在温水中，也不必太过忧虑，而应想办法改变自己现在的处境。

第10章 别太执着，无谓的坚持会束缚身心

人生里有多少内心的执着，就有多少痛苦。若想摆脱痛苦，就必须从所有的执着里逃离。当一个人不再执着于一件事物或一种习惯，它们就失去了指挥摆布他的能力，他也就获得了自由。

有些坚持没那么重要

在很多时候，过分执着并不是一种好品质。它就像是一个魔咒，一点点地禁锢着我们的身心，似乎我们不朝着之前的方向继续下去就对不起良心。执着本身是一种可贵的品质，但凡事都会有一定的限度，“执着”也是一样，适当的执着会体现出我们个人的魅力，同时也可以让问题变得更简单一点。但若是不顾一切地执着，太过分地执着，则会不自觉地将自己的身心束缚。有些人总是放不下，总是不愿意放弃，固执地朝着一个方向前进，不管前面是康庄大道，还是死胡同，然而，这样的坚持是无谓的，即便他们最终闯入的不过是死胡同，这样执着的后果也是可悲的。

虽然，对生活执着，是一种坚定的信念；对工作执着，是一种精神的寄托；对爱情执着，是一种人生的美好，但若是应该放弃时不放手，就会使自己不堪负重而活得很累，甚至有可能令自己走向另外一种悲惨的结局，同时也让自己身心疲惫。

生活中，有的人活得像小河里的溪水，虽然平静无波，却有顽强的生命力和战斗力，它能够经受暴风骤雨的侵害，也可以坦然面对夏日骄阳的炙烤，它从来不在乎世界会有多少变化。一个人活着也是一样，人要有信念，但不能过分执着，不能与生命较真，应学会顺其自然，对生命中的意外和阻挠不必过于强求，也许，只有这样才能阻止自己生命的脚步过快地到达终点。

人的一生就好像花开花落，周而复始，没有什么花是永远不凋谢的，对待上天的安排，我们应该顺其自然，千万不能太过于执着。太较真是一

种疼痛，一种心魔，它不断侵蚀我们内心简单的快乐，最后，我们只能满身疲惫地倒下。

王大爷年轻时是村里的干部，后来因为计划生育，他被迫离职了，离职的时候，他已经快五十了，在那一瞬间，他觉得生活好像没有了希望，他一直不肯承认自己已经变成了跟隔壁大婶一样的百姓，他觉得自己还是支部书记。他经常会去政府与上级领导说话，说自己的苦闷，说自己的无所事事，说自己的孩子上学没学费，希望领导能给自己解决。领导无奈："你现在已经离职了，不是干部了，这些事情你能自己解决的就自己解决，不能自己解决的，就找你们村里的干部。"王大爷固执地说："我不相信他们，我只相信我自己当干部的能力。"王大爷每次都去政府闹，刚开始大家还看在他是老干部的份上跟他聊聊，但时间长了，大家都清楚了他的脾性，晓得他很执着，便能躲就躲，能避开就避开。

在平时生活中，王大爷总是对自己被迫离职的事情耿耿于怀，十分较真，他在家里动不动就说："如果我现在还是村里的干部，那村里现在肯定不是这样子。"家里人都开始厌烦他的唠叨了，老伴没好气地说："你在执着什么？你现在已经是平民百姓了，就应该有个百姓的样子，有什么放不下的，有什么解不开的心结？简直是自己折磨自己。"其实，王大爷确实陷入了一个怪圈，他越是执着于自己被迫离职的事情，他就越是痛苦，想想之前的辉煌日子，想想现在平凡的自己，他越想越不是滋味，整日无所事事，搞得自己身心疲惫。

王大爷所放不下的是内心的执着，而不是其他，因此他总是觉得过得很痛苦。如果他真的放下了内心过分的执着，以正常的心态回归到一个平民百姓的身份，他会觉得生活依然充满阳光。有些事情既然已经发生了，毫无回旋的余地了，那我们就要学会接受，而不要太过于执着。过分执着只会让自己更加疲惫，不如放松身心，给自己一个舒适的心灵环境。

人生需要有信念，这样我们的生命才有前进的方向。但是，信念只有与自己合拍的时候，才能更好地发挥出引航员的作用。

如果我们希望与别人合作，自己已经明确地表达清楚意图，而对方却毫无回应，在这样的情况下，与其继续留下来攻坚，把时间花在啃掉这块硬骨头上，不如转身离去，把精力用来寻找新的目标。每个人做事都有自己的理由，放弃攻坚是对别人的尊重，这是一种明智的选择。大量事实表明，第一次不能成功的事情，以后成功的概率也是很小的，纠缠下去只会惹人厌烦，这样并没有太大的意思，与其把80%的精力耗在20%的希望上，不如以20%的精力去寻找新的目标，说不定还有80%的希望。

在人生的路途中，我们要适时修葺自己的信念，让它与自己合拍，对于某些不切实际的想法，我们不应太较真，太执着，而要学会放弃，适时找到自己合适的人生信念，这样我们的生命才会更加绚丽灿烂。

坚持该坚持的，放弃该放弃的

柏拉图曾说："有些人的遗憾莫过于坚持了不该坚持的，而放弃了自己不该放弃的。"坚持，是一个鼓动人心的词儿，每每在我们不能继续的时候，头脑中就会冒出"坚持"这个字眼。但是，我们可曾想过，所有的坚持都有用吗？实际上，我们并不明白，有些坚持是无谓的，理智的放弃比无谓的坚持更明智。

生活中，有的人在坚持着，一直在坚持着，但他能坚持到什么时候，坚持是为了什么，却不得而知。当我们的坚持已经达到一定限度的时候，事情的结果却不遂人愿，这时候我们就应该反思了：这样的坚持有用吗？是否是无谓的？如果坚持下去没有结果，那不妨选择放弃，另寻捷径，这样方能到达目的。

马嘉鱼很漂亮，银色的皮肤，燕尾，大眼睛，平时生活在深海中，春

夏之交溯流产卵，随着海潮游到浅海。渔人捕捉马嘉鱼的方法挺简单：用一个孔目粗疏的竹帘，下端系上铁浮，放入水中，由两只小艇拖着，拦截鱼群。

马嘉鱼的“个性”很强，不爱转弯，即使闯入罗网之中也不会停止，所以一只只“前赴后继”陷入竹帘孔中。孔收缩得越紧，马嘉鱼就越被激怒，瞪起眼睛，更加拼命往前冲，结果被牢牢卡死，为渔人所获。

在生活这张大网中，我们何尝不是那一只只马嘉鱼呢？当我们在抱怨人生越走越窄，看不到未来的希望时，我们总是坚持一些无谓的东西，习惯在以前的老路上继续走下去，结果，我们有了跟马嘉鱼一样的命运。

凡事都坚持的人其实是钻牛角尖的人，他们对生活太过于较真，太固执，总是一条路走到黑，结果却是毫无所获。对此，在生活中，我们要明白，有些坚持是无谓的，这样的坚持要适可而止，不需要太过于执着。

2004年雅典奥运会，刘翔以12秒91的成绩夺冠，成为亚洲第一位田径直道项目奥运冠军。2007年国际田联大奖赛洛桑站，刘翔以12秒88的成绩打破世界纪录。大家都把目光聚焦于这个“飞人”身上，把所有的希冀都投向了2008年的北京奥运会。

然而，在2008年8月18日，北京奥运会男子110米栏预赛，“飞人”刘翔在出场之后突然宣布退出比赛。作为卫冕冠军、中国田径最大夺金点，刘翔退赛令人唏嘘，人们只能无奈地看着那个一瘸一拐走出田径场的背影。那一天，是2008年8月18日。在很多人看来，这个“黑色8.18”突如其来，因为一直以来人们看好刘翔卫冕成功。就在比赛前几天，还有关于他训练中跑出12秒80的传闻。

事实上，刘翔退赛并不突然，至少有一些先兆。从年初冬训起，刘翔腿部肌肉就出现不适。经过一系列调整后，他参加了两站室外比赛，都拿到了冠军，但是成绩并不理想，最好一次仅跑出13秒18。然而这两站比赛进一步加剧了刘翔腿部的不适，之后飞人放弃了美国的两站比赛。对跨栏运动员来讲，臀大肌和起跨腿的脚踝是最容易受伤的地方，刘翔则因为踝伤上演了退赛一幕。应该说，这是刘翔近几年来成绩最糟糕的一年。不过，刘翔本人对于退赛看得很开，他说：“每个人都会碰到挫折，只是我之前的道路一直都比较顺利，没有碰到过挫折，所以大家觉得比较严重。我觉得我很快就走了出来，人生总有起伏，不可能一帆风顺。”

虽然在万众瞩目的情况下宣布退赛，难免会让人扫兴，有的人甚至还发出了唏嘘之声，但是，如果当时的刘翔选择了继续坚持，那只会给自己的身体造成更大的伤害，或许我们就再也见不到“飞人”的光彩了。可见，他及时地退却是为了积蓄力量，修养身体，为下一次的比赛作好准备，这样来看，我们就能理解他当时的举动了。正如刘翔所说，“人生总有起伏，不可能一帆风顺”。

为什么说有些坚持是无谓的？那是因为继续坚持下去也不会有任何希望，只会浪费我们更多的时间和精力而已。对于这样的坚持，我们就可以说是无谓的，面对这样的情况，当然只有理智的放弃才是最明智的选择。

不知道你有没有注意过我们脚下的马路：没有一条路的方向是既定不变的，在遇到高耸的山脉的时候，它也总是绕道而行，这样既节省了人力，也方便了人们；在不同的马路之间，总会有交叉的时候，那意味着你可以换一个方向。其实，生活也一样，也需要我们适时改变方向，这样我们才能找到生命最灿烂的美丽，才能展现出自我的价值。

人生需要适时转弯

从小，我们就知道这样一个道理：只有不断地前进才能获得成功。其实，生活本来就是起伏不定的，如果你一直向前走，不愿意留给自己一个回旋的空间，那很有可能会钻进一条死胡同，前方已经没有路，这样的情

况自然是难以成功的。不过，大多数人并不懂得这个道理，他们只会一个劲儿地向前冲，有一股头撞南墙也不回头的势头。虽然，我们欣赏这样的决心，但并不赞赏这样的行为，如果在前进的路途中，我们没能给自己留下一个回旋的空间，就等于犯了孤注一掷的错误，结局往往是悲惨的。

人们总是觉得在前进时若是选择退却，那就意味着放弃，意味着软弱，意味着失败，实际上这样的理解是错误的，那些懂得适时回旋的人才能铸就人生的波澜起伏，才能绽放人生本来无尽的绚丽多彩。坚持是我们所需要的力量，但适时退却，为自己寻找一个回旋的空间，也是人生中不可或缺的大智慧。

克里斯朵夫·李维以主演《超人》而蜚声国际影坛，但就在1995年5月，在一场激烈的马术比赛中，他意外坠马，成了一个高位截瘫者。当他从昏迷中苏醒过来时，对大家说的第一句话就是：让我早日解脱吧。出院后，为了让他散散心，舒缓肉体和精神的伤痛，家人推着轮椅上的他外出旅行。

有一次，汽车穿行在蜿蜒曲折的盘山公路上，克里斯朵夫·李维静静地望着窗外，他发现，每当车子即将行驶到无路的关头时，路边都会出现一块交通指示牌："前方转弯！"而转弯之后，前方照例又是柳暗花明，豁然开朗。山路盘桓，峰回路转，"前方转弯"几个大字一次次冲击着他的眼球，他恍然大悟：原来，不是路已到尽头，而是该转弯了。他冲着妻子大喊："我要回去，我还有路要走。"

从此，他以轮椅代步，当起了导演。他首次执导的影片就荣获了金球奖。他还用牙咬着笔，开始了艰难的写作。他的第一部书《依然是我》一问世，就进入了畅销书排行榜。同时，他创立了一所瘫痪病人教育资源中心，还四处奔走为残疾人的福利事业筹募善款。

美国《时代周刊》曾以《十年来，他依然是超人》为题报道了克里斯朵夫·李维的事迹。在文章中，李维回顾他的心路历程时说：原来，不幸降临时，并不是路已到尽头，而是在提醒你该转弯了。

如果克里斯朵夫·李维以"让我早日解脱"的信念生活，那估计他

的余生会在抑郁中了结，那样的话，这个世界上就会失去一个好演员。当然，这只是如果，就好像克里斯朵夫·李维自己所说：“原来，当不幸降临时，并不是路已到尽头，而是在提醒你该转弯了。”当前面已经是死胡同了，为什么不选择退一步，给自己找一个修葺的地方呢？只要自己重新燃起信念之火，我们就可以重新开辟一条新的道路出来。

康多莉扎·赖斯，出生于1954年11月14日。小时候素有“神童”之誉的她，从小就跟着当小学音乐教师的母亲弹钢琴，4岁时就开了第一个独奏音乐会。她不但学习成绩极其出色，跳了两次级，还把网球和花样滑冰玩得特别出色。16岁时，她进入丹佛大学音乐学院学习钢琴，梦想成为职业钢琴家。她在音乐方面独具的天赋和他人难以企及的家学，似乎没有人能够轻易地否认，大家都相信过不了几年她就会成为乐坛翘楚。

可是，出人意料地是她打起了“退堂鼓”，开始了崭新梦想的破冰之旅。原来在著名的阿斯本音乐节上，她受到了打击。“我碰到了一些11岁的孩子们，他们只看一眼就能演奏那些我要练一年才能弹好的曲子，”她说，“我想我不可能有在卡内基大厅演奏的那一天了。”于是，她开始重新设计自己的未来并发现了新的目标——国际政治。“这一课程拨动了我的心弦，”她说，“这就像恋爱一样……我无法解释，但它的确吸引着我。”她从此转而学习政治学和俄语，并找到了她一生追求的事业。

赖斯并没有追随儿时的梦想成为一名钢琴家，而是在大家都看好她的情况下选择了“退却”，并开始了崭新梦想的破冰之旅。她发现即便自己再坚持下去，也难以取得超越别人的成就，所以，她果断地选择了放弃，不再固执。在一阵休憩之后，她重新设计了自己的未来，果然，她似乎更适合混迹于政坛。如果不是当初决然地舍弃，那么现在她也不会有如此出色的成就了。

当发现前方已经是一条死胡同时，我们就要学会转弯。转弯并不是逃避，这件事情失败了，你可以改做别的，这并不并不表示你没有毅力。正所谓“天生我材必有用”，“东方不亮西方亮”。闯入死胡同并不可怕，可怕的是你一直跟自己较真，这样就会由于因循守旧而继续失败。转弯是

为了寻找更好的道路以便前行，而并不是逃避。

有的人太固执，太较真，他们不见棺材不掉泪，不撞南墙不回头。在人生旅途中，这样的人总会多走一些弯路，最后也难以获得成功。为什么一定要看到悲惨的结局才放弃呢？在生活中，不要太较真，理智地放弃才是最聪明的做法，当我们发现前方已经无路可走时，就要学会退却，选择另外一条路，不要等自己撞得头破血流才放弃，这是相当愚蠢的。

别让你的思想变成你的囚徒

懂得适时改变，这是智者的选择。当一个人的思想被禁锢的时候，他已经无法为自己寻找一条生路了。要想获得成功，我们必须懂得适时改变，固步自封或一成不变只会将我们推进无法回头的境地。好像一艘在大海里航行的船只，如果它想要行驶到自己的目的地，那么就应该懂得见风使舵。纵观世界万物，它们皆是因为变通而得以生存：为了适应大漠的风沙，仙人掌将叶子退化为刺；为了适应西北的狂风，胡杨扎根百米宽；为了适应海水的动荡，海带褪去了根须。

萧伯纳说：“明智的人使自己适应世界，而不明智的人只会坚持要世界适应自己。”懂得适时改变，实际上就是以变化自己为途径，虽然我们改变不了处境，但我们可以改变自己；虽然改变不了过去，但我们可以改变现在。在通往成功的路上，我们没有必要那么较真，既然前面的路行不通，那就走路边的小径吧。

适时改变并不是背叛“执着”，而是审时度势之后作出的正确选择。在前途茫然的时候，适时改变是一种理智；在误入歧途时，适时改变是一种智慧；在逆境中懂得适时改变，这是一种远离苦难的策略。

战国时期，有个秦国人名叫孙阳，他精通相马，无论什么样的马，孙阳都能一眼分出优劣，人们都称他为“伯乐”。在经过多年的相马以后，孙阳将自己积累的经验和知识写成了一本书——《相马经》。

孙阳的儿子看了父亲的《相马经》，就拿着这本书到处去寻找好马，按着书里的特征，他在野外发现了一只癞蛤蟆，儿子觉得这与父亲所描写的千里马的特征十分相似。于是，他兴奋地将癞蛤蟆带回家，对父亲说：“我找到了一匹千里马，只是马蹄短了些。”孙阳一看，没想到儿子如此愚蠢，悲伤地叹息：“所谓按图索骥也。”

“按图索骥”这个词语后用来讽刺那些拘泥、不懂得改变的人。池田大作家曾说：“权宜变通是成功的秘诀，一成不变是失败的伙伴。”在战胜逆境的过程中，最重要的事情就是必须注意转弯。成功路上，需要我们的坚持到底，但若是遇到了挫折与困难，懂得转弯和改变也同样重要，千万不能食古不化，固执己见，否则只会让自己离成功的目标越来越远。

美国威克教授曾经做过一个有趣的实验：他把一些蜜蜂和苍蝇同时放进了一只平放的玻璃瓶里，瓶底对着有光的地方，瓶口则对着暗处。结果，那些蜜蜂拼命地朝着有光亮的地方挣扎，最终因力气衰竭而死；而那些到处乱窜的苍蝇竟然溜出了瓶口。对此，威克教授告诉我们：“在充满不确定的环境中，有时我们需要的不是朝着既定方向的执着努力，而是在随机应变中寻找求生的路，不是对规则的遵循，而是对规则的突破。我们不能否认执着对人生的推动作用，但我们也应该看到，在一个经常变化的世界里，变通的行为比有序的衰亡要好得多。”

只知道不切实际坚持的蜜蜂最终走向了死亡，而懂得变通的苍蝇却生存了下来。执着与适时改变是两种人生态度，我们不能简单地说哪个比哪个更适合自己，单纯的执着与改变都是不完美的，只有将两者结合起来才能达到成功。执着的精神令人敬佩，它可以使我们永远地坚持下去，如果这条路是正确的，那自然是最完美的结局；但是，如果这条路根本就是一条死路，无谓的坚持只会断送自己的美好前程。因此，我们不妨适时变

通，丢掉不切实际的坚持，变通将使我们受益匪浅。

爱默生说："宇宙万物中，没有一样东西像思想那样顽固。"假如我们总是以既定的思维做事，即使闯入了死胡同也要撞得头破血流，那么，最后我们将作茧自缚。思想太顽固，太过于较真，那我们最终会走向一条没有出路的死胡同。

一个人是否能够成功，关键在于自己的心态，认识自我，超越自我，但是不能脱离实际，必须合情合理地确定自己的人生目标。而一个人在面对困难时所坚持的信念，要远比任何事情都重要，因为信念将决定命运。

对话自己

身处逆境，我们要懂得适时改变，既要坚持，也需要适时放弃，只有做事灵活，懂得变通的人，才能够赢得最后的成功。在逆境中，不切实际的坚持是愚蠢的，这样只会使自己在逆境中僵持得更久。所以，面对逆境，我们要懂得适时地改变，丢掉不切实际的坚持。

跳出框框的指南写在框框以外

一个人抓了一对跳蚤，放在一个木头箱里。最开始的时候，跳蚤不断地往上跳，但多次撞到盖子之后，跳蚤再也不敢往上跳了，它们只好在箱子中间跳，因为它们认为，往上跳就会碰到头。后来，这个人把箱子的盖子拿开之后，跳蚤虽然可以轻而易举地跳出来，但它们依然在箱子中间跳，始终跳不出来。

生活中，多少人跟这些跳蚤一样，总是生活在这样的框框之中。有的人活在"年龄"这个框框中："我太年轻了，没有经验，不能成功"，"我太老了，已经没有力量去拼搏了"。其实，这些人之所以得到一个毫

无生气的人生，原因在于他们没能跳出固定的框框。还有的人活在能力的框框中，他们总是对自己说：“我没有这个能力，没有那个能力，所以我不能做到。”

王国维在《人间词话》里说：“诗人对于宇宙，须入乎其内，又须出乎其外。入乎其内，故能写之。出乎其外，故能观之。入乎其内，故有生气。出乎其外，故有高致。”这几句简单的话给予了我们最好的启示：不管是做人还是做事，都需要懂得创新，不能太死板，也不能拘泥于某个地方，而要跳出这个框框，让人生变得更有延展度。在现实生活中，当我们在处理一些问题的时候，绝大多数人都习惯性地按照常规思维去思考，总是因循守旧，由于不懂得变通、太死板，所以最终不得不走向了失败；而如果我们能大胆跳出这个框框，那么就会发现在“山重水复疑无路”之后，就会迎来“柳暗花明又一村”的境况。

章鱼的体重可达几十公斤，虽然它拥有如此巨大的身躯，整个身体却非常柔软，柔软到几乎可以将自己挤进任何一个想去的地方。令人神奇的是，它竟然可以穿过一个银币大小的洞。因而，一些渔民掌握住了章鱼的这一特点，便将小瓶子用绳子串在一起沉入海底。章鱼一看见小瓶子，都争先恐后地往里钻，不管这个瓶子有多么小，多么窄。

结果，这些在海洋里横行霸道的章鱼，成为了瓶子里的囚徒，成为了渔民的猎物，最后成为了人们餐桌上的一道美味。

整个海洋异常宽阔，章鱼却偏偏要向一个瓶子里钻，最终丢掉了自己的性命。也许，你会嘲笑章鱼的愚笨，但实际上，生活中的我们在很多时候都会变成这条章鱼，不懂得跳出思维的框框，最终面临失败。

框框，它会扼杀创造性思维、解决方案和创造力，它是外部环境强加给我们的。一位禅宗老师说：“跳出框框的指南就写在框框之外。”有时候，束缚我们的框框是我们自己创造的，在这个世界上，也只有我们自己才有力量挣脱束缚，给心灵一个自由的空间。

王先生在20岁左右的时候，梦想着自己成为一个培训师，但又一想：自己才20岁，怎么可能成功呢？因为至少要40岁以上才有人听自己演讲。

由于一直这样给自己设定框框，他一直没有成为一个培训师。等自己到了40岁的时候，他才发现时间是不等人的。这时王先生决定跳出“年龄”这个框框，大胆突破，以个人的经历进行职业生涯规划的培训并巡回演讲，开发出自己的潜能，改变人生。

有一次，王先生在一个单位进行一个商务礼仪方面的培训，一位姓刘的学员问王先生：“老师，我的梦想也是当培训师，但是我做不到。”王先生问道：“为什么？”那位学员回答说：“因为我刚20岁，你们这些培训师都40岁了，有经验，阅历丰富，我是不是年纪太小了？”王先生听了很惊讶，但他还是教导说：“其实是你把自己设在框框当中了，跳不出框框，也就达不到自己所想要的结果。你年轻，充满活力与朝气，这就是优势，世界第一名演说家安东尼罗宾23岁就成功了。”后来，经过王先生的指导，那位学员不但跳出了年龄的框框，而且很快开始行动，现在已经是一位管理顾问公司的负责人了。当然，听到这样的消息，王先生对那位学员跳出框框之后的成长感到很欣慰。

每一个平凡人的成功，都源于他们能够勇于突破框框，向原本认为自己不能做的事情挑战，这样才有了登峰造极的机会。其实，每一个人在生命的旅程当中都有一些框框，那些框框就好像一条绳子，紧紧地禁锢着我们自由的心灵。因为固执，较真，我们总不愿意相信自己是可以跳出框框的，所以才造就了失败的命运。

那些不敢跳出框框，在框框里徘徊的人，其实大多都是比较自卑的人，他们不愿意相信自己有能力去做成一些事情，在内心深处，他们是自卑的，因此，他们只能在框框里忍受被禁锢的痛苦，却没勇气跳出框框。当然，跳出框框的勇气来源于自信，你只有充分地相信自己，才有力量和决心来跳出框框，否则，只能终生徘徊在框框里。

对话自己

有的人活在性别的框框中，总是对自己说：“我是女人，不像男人可以做事业，所以我做不到。”有的人活在过去的经验中，总对自己说：“因为我没经验，我以前失败过。”如果我们对自己人生的某些地方不满意，那一定是有某些框框限制了自己的行动，你只有跳出框框，不再较真，才能延伸人生的宽度。

第11章 别太在意，一切没那么重要

生活中，你在乎的人和事越多，越会感觉处处不如意。其实，很多人和事并不值得你那么在乎、计较，别太在意，一切没那么重要。凡事看开了，烦恼就淡了，生活的一切就又美好了。

欠自己一个“没关系，慢慢来”

俗话说：“金无足赤，人无完人。”在这个世界上没有完美的东西，任何事物都有它的长处和短处。一个人总有失误的时候，谁也不敢保证自己就是永远的成功者；一个人总是有这样或那样的缺陷，谁也不能保证自己是最完美的。许多人忍受不了自己的错误，总是觉得不好意思，习惯于用放大镜来看待自己的错误，从而陷入深深的自责中不可自拔，他们甚至不能原谅自己。

事实上，每个人都会犯错，犯个错误没什么了不起，不要用放大镜来看待自己的错误，自己生自己的气。既然错误已经存在了，我们所需要做的就是弥补错误，完善自己，以免再犯类似的错误。一些爱生气的人往往是完美主义者，他们不能够容忍自己的错误，从而导致内心的烦恼、不满情绪不断滋生。

其实，这根本是没有必要的，不要为自己标榜上“成功者”的印记，我们首先要承认自己不过是一个普通人，既然避免不了错误，就要尝试着接受那个犯错的自己，学会原谅自己，不要纠结在自责中，平复内心的情绪，懂得知错就改，这样，我们才能成为尽善尽美的人。

有一天，一个身材高大魁梧的人走在库法市场上，他的脸被晒得黝黑，而且遗留着战场上的痕迹。市场里坐着一个无聊的商人，他看到那个高大的人走过来，便想逗逗他，以显示自己的搞笑本领。于是，商人将垃圾扔向那个过路人，但是，那个高大的过路人并没有因此而生气，继续迈着稳健的步伐朝前走去。

当那个人走远了以后，旁边的人向那无聊的商人问道：“你知道刚才你侮辱的人是谁吗？”商人笑着回答：“每天有成千上万的人从这里经过，我哪有心思去认识他呀！难道你认识这人？”旁边的人立即惊呼：“你连这人都不认识！刚才走过去的就是著名的军队首领——马力克·艾施图尔·纳哈尔。”商人涨红了脸，似乎不太相信：“是真的吗？他是马力克·艾施图尔·纳哈尔！就是那个不但让敌人听到他的声音就四肢发抖，连狮子见到他都会胆战心惊的马力克吗？”旁边的人再次肯定地回答：“对，正是他。”商人惊恐地说：“哎呀！我真该死，我竟做了这样的傻事，他肯定会下令严厉地惩罚我。”

想到关于马力克·艾施图尔·纳哈尔的传言，商人吓得心惊胆战，深深自责自己刚才所犯的错误。他马上关了店门，整个人蜷缩在被子里，等着马力克的惩罚。可是，一天过去了，马力克没有来，一周过去了，马力克还是没有来。虽然，马力克并没有出现，但是，商人内心的恐惧却越来越重，他不能原谅自己的过错。邻居们都来劝慰：“马力克将军是多么有修养的人，怎么会跟你计较呢？”商人只是摇摇头，整个人看上去既憔悴又疲惫。

商人已经陷入了自责的心绪中，即使马力克表示已经原谅了他，他也走不出那个心结，始终难逃自责的痛苦。心理学家表示：那些无法原谅自己错误的人，其实是对自己有着严格苛求的人。而商人之所以无法原谅自己，是源于内心的害怕，他不断自责之前所犯下的错误，是因为害怕受到相应的严厉惩罚。

的确，我们应该永远记住这样一句话：犯错并不是一件特别严重的事情，别不好意思犯错，原谅自己吧！

人与人之间为什么会有永久的伤害呢？其实，大部分都是因为一些彼此无法释怀的坚持所造成的。如果我们能从自己做起，宽容地对待自己，原谅自己无意或有意犯下的错误，相信一定会收到意想不到的效果。当我们开启一扇窗户的时候，我们会看到更完整的天空。

一个人需要宽容，因为宽容是一种美德，一种素质，而且，首先，我们需要宽容的就是自己，这样我们才能有更宽广的胸怀去宽容别人。如果连自己都宽容不了，我们又怎么能原谅别人的错误呢？有人说，能够宽容自己的人，他们更容易拥有融洽的人际关系。

卡耐基是美国著名的成功学家，他曾这样写道："通过对全球120名成功人士的调查发现，他们都有一个共同的特点，就是能够建立融洽的人际关系，而正是因为他们有一颗宽容的心，所以，人际关系才会那么好。"而且，但凡取得瞩目成就的人，他们的成功之路很少是一帆风顺的，总是波折不断。或许，他们曾经也犯了不少错误，但是，他们懂得原谅自己，以更加完美的姿态去迎接挑战，最后才赢得了成功。试想，如果他们总是纠结自己曾经的错误，那么，他们可能会在忧郁中度过余生。

有的人，他们没有办法原谅自己的过错，或是深陷自责当中不能自拔，主要原因是他们对自己要求太严格，或者说，因为他们之前给大家留下的印象太美好，一旦错误对印象造成了破坏，他们就认为再也没有办法弥补，所以开始不断地自责，有的人甚至会为自己人生的某一次错误而忏悔一生。

请承认并正视你的平凡

虽然，我们提倡一个人要对自己充满自信，偶尔夸夸自己，但自信也是要有一定限度的，过分地吹捧自己，那就不是自信，而是虚伪。妄自尊大的人只是在运用扭曲了的想象，狂妄地夸大自己，时时轻视别人，这种充满谬误的想象会伤害他人，同时也在无形之中伤害了自己。每个人的心底都存有强烈的热望，人心永无止境，然而，在人的一生中是否每人都能够实现自己的理想和愿望呢？恐怕最终能够得偿夙愿者寥寥无几。之所以

会是这个结果，其根本原因就是很多人不了解自己，不认识自己，没有承认并正视自己的平凡。

有一天，一只秃鹰从王宫上空飞过，看到一只黄莺备受国王的宠爱，每天好吃好喝，且地位尊贵，于是它就问黄莺："为什么国王单单如此宠爱你呢？"

黄鹂回答道："我自幼就有一副好嗓子，到了王宫后，唱歌越发动听，国王非常喜欢听我唱歌，于是十分喜欢我，也经常拿珠宝来打扮我。"

秃鹰看到穿金戴银的黄莺，心中艳羡不已，它想："我资质又不比黄莺差，学学它，这样说不定国王也会喜欢上我的。"于是它就飞到国王睡觉的地方，开始叫起来，以吸引国王的注意。不巧的是，国王正在酣睡，听了秃鹰的叫声，噩梦连连，于是叫下属看看是什么东西在叫。属下去了回来报告说是一只秃鹰在叫。国王愤怒不已，吩咐手下去把秃鹰抓了下来，并下令拔光它的羽毛。秃鹰浑身疼痛，满是伤痕地回到了鸟群中。

古人云，识时务者为俊杰，我们每个人都有自己的特点，都有自己独特的智能。如果盲目地模仿别人，只会伤害自己。如果秃鹰在国王高兴的时候唱歌，它的结局肯定不是这样。梅花喜爱漫天雪，如果牡丹非要开在雪地，那结局的惨淡将不亚于秃鹰。

处于社会中的我们，总会被别人的看法、眼光、意见等影响，又会受自己内心的欲望、意念所支配。很多时候，我们都很难客观地评价自己的实力，真正地认清自己的平凡，给自己选一条最适合自己的路。

从前有一只蚂蚁，它的力气很大，开天辟地以来，蚂蚁中还从未出现过这样的大力士，它能够毫不费力地背上两颗麦粒。若论勇敢，它的勇气也是空前的：它能像老虎钳似的一口咬住蛆虫，而且常常单枪匹马地和一只蜘蛛作战。它不久就在蚁冢之内声名大盛，蚂蚁们的谈论几乎都离不了这位大力士。

后来，它的头脑里塞满了颂扬的话，它一心想到城市里去一显身手，到城市里去博得大力士的名声。有一天它爬上最大的干草车，坐在赶车人的身旁，像个大王似的进城去了。

然而，满腔热望的蚂蚁大力士碰了一鼻子的灰！它以为人们会从四面八方赶来，可是不然！它发觉大家根本不理会它：城里人个个忙着自己的事情。蚂蚁大力士找到一片树叶，在地上把树叶拖呀拖的，它机灵地翻筋斗，敏捷地跳跃，可是没有人瞧，也没有人注意。所以，当它尽其所能地耍过了武艺后，便怨天尤人地说道：

“如果我觉得城里人都是糊涂和盲目的，难道是我不可理喻吗？我表现了种种武艺，怎么没有人给予应有的重视呢？如果你上我们这儿来，我想你就会知道，我在全蚁家都是赫赫有名的。”

那天回家时，蚂蚁大力士就变得聪明些了。

人贵有自知之明，很多人长期生活在自己的小圈子里，做着舒舒服服的井底之蛙，不晓得人外有人，天外有天的道理，更不会正确地对待自己，分析自己，把自己摆正放平。不要因为自己高于他人便目空一切，要知道“高处不胜寒”，你随时都有被打入“冷宫”的危险。不要因为自己低于他人而闷闷不乐，在充分认识自己的前提下，你终将改变你目前的状况。闭起你的眼睛，让你的心完全平静下来，仔细地回想一下你所经历过的一切，给自己一个公正的评价，然后摆正自己的位置。

当一个人心态渐渐失衡的时候，他就减缓了进步的速度。你可以对自身的实力满怀自信，对自己的成绩深感自豪，可一旦这些积极的因子与骄狂、偏见及狭隘同行，与同情、谦逊及友谊分手，就会成为一种消极的品质。这种虚幻的自豪和自信是褊狭、傲慢和无知，最终是一种自大。

歌德说：“一个目光敏锐、见识深刻的人，倘又能承认自己有局限性，那他离完人就不远了。”孔子说：“知人者智，自知者明。”所有的一切，都从认识自己开始。你是否认识你自己，这是你人生的关键。首先，你不要错误地认为自己的有价值与你的聪明才智、你的博学多能或者你的财富、你的力量有关。事实上，无论你有多聪明，也无论你多能耐，如果你没有自知之明，那么你的最终结果只有一个，那就是失败。

认识你自己，不必为实现你所想象的却不切实际的所谓自身价值而去作任何多余的努力，你要明白，当你降生到这个世界的时候，你就已经拥有了自己的价值，你接下来所要做的事，就是将你自身的价值发扬光大，因而你必须了解、认识到自己的价值。

人生最重要的就是拿得起，放得下

爱迪生说："没有放弃就没有选择，没有选择就没有发展。"生命并不是只有一处灿烂辉煌，学会包容过去，融通未来，创造人生新的春天，人生将更加明媚和迷人。对于人生中的种种，既然拿得起，就应该懂得放下，对于自己的过去，大可不必耿耿于怀，是好是坏都已经成为过去，且把它看作是一张白纸，放下了，心中就没有了埋怨与不满，生活的一切都会顺利平稳。

假如你认为人来到这个世界是应该有所作为的，那就更需要重视自己的存在。因为每个人的生命都是伟大的、富有创造力的，只是我们经常忽略这一点。在生活中，从来不缺乏体验与成长的机会，即使身处绝境，不也正是开辟新天地的大好时机吗？当我们不堪负重前行的时候，就应该学会放下，只有这样，我们才有力气继续前行。

宋朝的吕蒙正，被皇帝任命为副相后第一次上朝时，人群里忽然有人大声讥刺他说："哈哈哈，这种模样的人，也能入朝为相啊？"可吕蒙正却像没有听见一样，继续往前走，然而，跟随在他后边的几个官员却为他鸣起不平来，拉住他的衣角，非要帮他查查到底是谁如此大胆，竟然敢在朝堂上讥刺刚上任的宰相。

吕蒙正推开众人，说："谢谢大家的好意。我为什么要知道是谁在说我呢？一旦知道了，一生都放不下，往后还怎么处事？"

在人生的旅途中，遇到大的挫折与大的灾难时可以不为之所动，可以坦然承受之，这就是一种肚量。禅宗以大肚能容天下之事为乐事，这便是一种很高的境界。对于生活中的种种，既来之，则安之，便是一种超脱，不过，这种超脱又需要经过多年的磨炼才能养成。拿得起，实在可贵；放得下，方是人生处世之真谛。

吕蒙正善识人，所举荐的人，后来无不成为国家的栋梁，而他最大的特点就是一旦用了某人，便不再用自己的权力来约束其才能的发挥。做宰相期间，他一直以"无为而治"作为自己的施政方针。有一天，他的两个儿子愤愤不平地对他说："爸爸，外面都传说你无能，你做宰相，权力怎么能都被别人分夺去了呢？"吕蒙正听了，哈哈大笑说："我哪有什么能耐啊!皇上不就是看我善于识人，才提拔我当宰相的吗？我当宰相就是为国家物色有能力办事的人，我要权力干什么啊？"

一个弟子问老师："如何才能成佛？"大师回答说："放下！放下你一切的执着于成佛的念头，放下你的总是执着于成佛的那颗心。"善画者留白，善乐者希声，养心者留空。生活中，人们往往是拿得起，放不下，因为较真，他们难以放下各种欲望。其实，放下是一种智慧，它作为生存之态，是化繁后的睿智，是画龙后的点睛，是深刻后的平和。正如美国作家梭罗所说："一个人越是有许多事情能放下的，他就越富有。"而只有看开了，我们才能真正地放下。

有位登山者在一次登山中，首次不使用氧气，成功登上了世界最高峰——珠穆朗玛峰。当他下山后，人们纷纷问他成功登顶的秘密时，他说："这没有什么秘密，我知道大脑是一个重要的耗氧源，科学家曾告诉我们，各种思想在大脑中相互撞击时，竟要消耗我们吸入全部氧气的40%。所以，为了减少对氧气的消耗，我只有向前走这一个念头，至于其他的任何想法我都把它们统统从脑子里抛掉，没有了任何的杂念，我就等于放下了一个背在身上的巨大的包袱！轻松地向前，这就是我成功的全部秘密。"

对于生活中的每一个人而言，我们从来不否认功名、利禄、荣辱、爱恨、死亡、惧怕、苦乐等存在于自己心中的时候，往往也会成为自己内在的渴望超越自我的一种原动力。不过，我们一旦执着于这些，就会让自己在前进的路上背上一个沉重的包袱。一个人要学会拿得起，放得下，这样才能真正做到看得开。

对话自己

有人说："人生最大的幸福就是拿得起，放得下。"一个人在处世中，拿得起是一种勇气，放得下是一种肚量。对于人生道路上的鲜花、掌声，有智慧的人大都等闲视之，屡经风雨的人更是有自知之明；对于坎坷与泥泞，能以平常心对待，就更容易挣脱。

不必太在乎那些冷嘲热讽

我们活在这个世界上，首要目标就是实现自己的价值，而不是求得所有人的认同乃至拥护。在我们身边，每个人的思维和行为方式都不一样，总会有一些人跟自己合不来，他们有可能会对我们的言行进行冷嘲热讽，其实这都是极为正常的现象。因为在这个世界上，任何人都不可能赢得所有人的心，在我们的朋友圈子以外，总会有那么几个人，心生嫉妒，不怀好意地望着我们。不论我们怎么努力，我们都不可能让所有的人都成为自己的朋友。

在这样的情况下，我们需要忍耐那些非朋友的冷嘲热讽，在忍耐中变得淡然，既然他丝毫不会理解你，那么他的冷嘲热讽对你而言，也是毫无意义的，就好像是盘旋在头顶上的嗡嗡叫的苍蝇一样。因此，我们根本没有必要花很多时间和精力去悲伤或是愤怒，赢得好人缘固然是一种幸运，但有时候我们的内心应满足于“得一知己足矣”。这样想来，对于其他人的冷嘲热讽，我们就没有必要为之生气，而应淡然笑之，在忍耐中修炼自己，淡定从容，努力实现自我的人生价值。

1897年5月6日，维克多·格林尼亚出生在法国瑟儿堡的一个有名望的资本家家庭。当时，他的父亲经营了一家船舶制造厂，有着万贯的家财。格林尼亚在童年时期，由于家境的优裕，再加上父母的溺爱和娇生惯养，使得他在瑟儿堡四处游荡，盛气凌人。那时候，他没有理想，没有志气，根本不把学习放在心上，整天梦想着成为王公贵族。由于他长相英俊，当地的那些美丽的姑娘，都愿意与他交往。

但是，在一次午宴上，一位刚从巴黎来到瑟儿堡的波多丽女伯爵竟然毫不客气地对格林尼亚说：“请站远一点，我最讨厌被你这样的花花公子挡住视线！”这句话就好像针扎一般刺痛了他的心。刚开始，他为这句话而自卑、疯狂、偏执，但不久之后，他就醒悟了。他开始悔恨自己的过去，产生了羞愧和苦涩之感，他决定发奋学习，发誓一定要追回过去所浪费掉的时间，而每当自己的灵魂和肉体麻木的时候，他就用这句话来刺痛自己。后来，他决定远离家乡，临走之前，给家人留下了这样一封书信：“请不要探询我的下落，容我刻苦努力地学习，我相信自己将来会创造出一些成就来的。”

格林尼亚来到了里昂，拜路易·波韦尔为师，通过两年刻苦的学习，他终于补上了过去所落下的全部课程。后来，他进入里昂大学插班就读，在上大学期间，他赢得了有机化学权威菲利普·巴尔的器重，在巴尔的帮助下，他将老师所有著名的化学实验重新做了一遍，并准确纠正了巴尔的一些错误和疏忽之处。不仅如此，在这些大量的平凡实验中，还诞生了格氏试剂。

格林尼亚就好像打开了科学的大门，他的科研成果不断地涌现出来。基于其伟大的贡献，1912年，瑞典皇家科学院授予其诺贝尔化学奖。这时，他收到了那位波多丽女伯爵的贺信，里面只有一句话：“我永远敬爱你。”

波多丽女伯爵无意中的嘲讽，竟然成为了格林尼亚前进的动力。虽

然刚开始听到这样的语言时，格林为之自卑、疯狂、偏执，但很快他就醒悟了，他觉得自己应该忍耐这些讽刺，而且应该发奋努力，做出卓越的成绩。果然，当格林尼亚获得了诺贝尔化学奖后，那位曾经嘲讽自己的波多丽女伯爵只说了一句话："我永远敬爱你"。

林肯当选总统的那一刻，整个参议员的议员都感到十分尴尬，因为当时美国的参议员大部分都出身望族，他们自以为是上流优越的人，从没想到过所面对的总统竟然是一个出身卑微的人，因为林肯的父亲是一个鞋匠。

当林肯站在讲台的时候，一位态度傲慢的参议员站起来说："林肯先生，在你开始演讲之前，我希望你记住，你是一个鞋匠的儿子。"顿时，所有的参议员都为自己可以羞辱林肯而开怀大笑。这时，林肯不卑不亢地说："我非常感激你能使我想起我的父亲，他已经过世了，我一定会永远记住你的忠告，我永远是鞋匠的儿子。我知道我做总统永远无法像我父亲做鞋匠做得那么好。"所有的议员陷入了沉默，这时，林肯对那位傲慢的参议员说："就我所知，我父亲以前也曾经为你的家人做鞋子，如果你的鞋子不合脚，我可以帮你改正它，虽然我不是伟大的鞋匠，但我从小就跟父亲学会了做鞋子这门手艺。"

然后，他再一次扫视全场的参议员，说道："对参议院里的任何人都一样，如果你们穿的那双鞋子是我父亲做的，且它们需要修理或改善，我一定尽可能地帮忙。但是有一件事是可以确定的，我无法像他那么伟大，他的手艺是无人能比的。"说到这里，他流下了眼泪，顿时，全场爆发出热烈的掌声。

对于参议员的冷嘲热讽，林肯选择了忍耐，他只是道出了父亲的伟大，正是这一点，打动了在场的所有议员。别人对你冷漠，嘲讽你，那并不意味着你毫无存在的价值。别人看轻了你，没有关系，只要我们自己看重就行了。

如果别人肆意侮辱，而那些侮辱的言辞是毫无根据的，不要生气，你只需要采取置之不理的态度，在忍耐中淡然面对，这样就会越发体现你超凡的人格魅力。一个人如果总是患得患失，太注重别人的态度，并将自己的得失建立在别人的言行上，那他怎么会开心呢？

对话自己

对于我们的所作所为，别人要嘲讽，那就让他嘲讽好了，又何必在乎一个自己原本不在乎的人所说的话呢？如果对方没看清楚事实，那根本就是这个人的损失，与自己无关。我们应该学会忍耐，并在忍耐中看淡那些所谓的冷嘲热讽。

暂时的困境，没什么大不了

佛家曰："每个困境都有其存在的正面价值。"生活中，人们听到"困境""挫折"这样的词儿总是紧皱眉头，郁郁不得志。在他们看来，困境意味着绝路，或许，自己再也没有翻身的那一天了。但事实并不是这样，多少大事者都是从困境风雨中走了过来，从而获得了巨大成功的。也许你会问，同样是困境，怎么会出现这样大的差别呢？那是因为，困境本身自有它积极的一面，在困境风雨中，那些坚持下来的人，往往会收获一份意想不到的礼物，或是乐观的心态，或是顽强的斗志，或是困难中的机遇，而正是这些困境中获得的经验与教训，铸就了他们最后的成功。

人生因逆境风雨的历练而变得多姿多彩，也许我们并不欢迎困境、磨难的到来，但是，当它们与我们不期而遇的时候，请不要调转回头。困境就好似一个魔鬼，一旦它看上你，就会对你穷追猛打，不舍不弃。而那些躲避甚至逃跑的人，只会被它欺负得更加悲惨。

格哈德·施罗德出生于一个工人家庭，在他还小时，父亲在远征苏联的战争中牺牲，施罗德兄妹五人与母亲相依为命。有一段时间，他们住在

一个临时搭建的收容所里，尽管母亲每天工作长达14个小时，但仍然不能满足家里的开支。年仅6岁的施罗德总是安慰母亲："别着急，妈妈，总有一天我会开着奔驰来接你的。"

逐渐长大的施罗德进了一家瓷器店当学徒，后来又在一家零售店当学徒，1963年，施罗德加入了民主党。在之后的10年里，他读完了夜校和中学，后来到格丁根，通过上夜大来攻读法律。大学毕业后，他获得了律师资格，成为了一名律师；不久之后，他当选为社民党格廷根地区青年社会主义者联合会主席。在以后的日子里，施罗德一直活跃于德国政坛，46岁那年，施罗德再次竞选成功，成为萨克森州州长，就是在这一年，施罗德实现了儿时的愿望，开着银灰色的奔驰轿车将母亲接走了。也许，正是儿时的苦难记忆，使施罗德在人生的道路上丝毫不敢懈怠。8年之后，施罗德一举击败连续执政16年之久的科尔，当选为德国新总理。

童年时期的施罗德曾在杂货铺里当学徒，那时他常说的一句话是："我一定要从这里走出去！"他成功了，而且比自己想象中走得更远。虽然成功的路上伴随着困难与逆境但是施罗德从来没有把逆境当成一回事，而是善于从逆境中获取自己想得到的礼物。儿时的记忆让他明白：自己必须牢牢抓住隐藏在困难中的机遇，不断地向前行。或许，那隐藏在逆境中的机遇，就是上天给予施罗德的礼物。

卡莉·费奥瑞娜从斯坦福大学法学院毕业以后，她所做的首份工作是一家地产公司的电话接线员。费奥瑞娜每天的工作就是打字、复印、收发文件、整理文件等杂活，父母与亲戚对费奥瑞娜的工作感到不满意，认为一个斯坦福大学的毕业生不应该做些杂活。

但是，费奥瑞娜没有任何怨言，她继续努力工作，同时努力学习。有一天，公司的经纪人向费奥瑞娜问道："你能否帮忙写点文稿？"卡莉·费奥瑞娜点了点头，凭着这次撰写文稿的机会，她展露了自己卓越的才华。在以后的日子里，卡莉·费奥瑞娜不断向前发展，后来成为了惠普公司的CEO。

卡莉·费奥瑞娜刚开始进入社会的时候不受重视，只能替人打杂跑腿，接受无端的批评、指责，得不到提携，处于自生自灭的过程中。但是，她并没有选择放弃，而是在逆境中继续忍耐，等待机遇的降临。

任何一个人在成长的过程中，都将注定经历不同的苦难、荆棘。那些被困难、挫折击倒的人，他们必须忍受生活的平庸；而那些战胜苦难、挫折的人，他们能够突出重围，赢得成功。逆境所带来的礼物远比它本身有意义，当然，我们获取礼物的前提条件是你能够坚持下去，否则，你只能永远被列为平庸者。

对话自己

如果你想成大事，那么，你必须经得起逆境风雨的洗礼，经得起失败的打击。成功是需要经历风雨的洗礼的，而一个有追求、有抱负的人，总是视挫折为动力。所谓“能受天磨真铁汉，不遭人嫉是庸才”，困境，对天才来说是一块成功的跳板，对强者来说是一笔宝贵的财富。

第12章　别太满足，你可以飞得更高

虽说知足常乐，但是人们对自我的追求应该是永不满足的。一个人的成长、成熟、成功，其实就是一个不断进行积累的循序渐进的过程。所以，在这个过程中，如果一直不满足，那你将会飞得更高。

有限的人生，无限的意志

高尔基说：“哪怕是对自己的一点小小的克制，也会使人变得强而有力。”每个人都是有毅力的，可以说，毅力和困难相伴。换句话说，克服困难的过程，也就是培养、增强毅力的过程。在生活中，那些毅力不是很强的人，往往只能克服小困难，而不能克服大困难，但只要不断地积累毅力，也可以使人有克服大困难的毅力。

大量事实证明，毅力是可以培养的，心理学家举了这样一个生动的例子：“今天，你或许挑不起一百斤的担子，但你可以挑三十斤，这样就可以了。只要你天天挑，月月练，总有一天，即使一百斤的担子压在你的肩上，你依然能健步如飞。”这就是“半途效应”的侧面反映，半途效应是指在激励过程中达到半途时，由于心理因素以及环境因素的交互作用而导致的对于目标行为的一种负面影响。

从前，有一名和尚叫一了，他的耐性不够，做事情只要稍稍遇到点困难，就很容易气馁，不肯锲而不舍地做下去。

有一天晚上，师父给他一块木板和一把小刀，要他在木板上切一条刀痕，当一了切好了一刀以后，师父就把木板和小刀锁在他的抽屉里。以后，每天晚上，师父都要小和尚在切过的痕迹上再切一次，这样连续了好几天。

终于到了一天晚上，一了和尚一刀下去，就把木板切成了两大块。师父说：“你大概想不到那么一点点力气就能把一块木板切成两大块吧？一个人的一生的成败，并不在于他一下子用多大的力气，而在于他是否能持之以恒。”

古人云：“事当难处之时，只让退一步，便容易处；功到将成之候，若放松一着，便不能成。”在生活中，有很多事情，并不是仅依靠三分钟热情就可以做好的，也不是一朝一夕就能做到的，而是需要持之以恒的精神，我们必须要付出时间和代价，甚至是一生的努力。当然，在这个过程中，我们需要忍耐，坚持，再坚持，以无限的意志力等待机会和成功的来临。

大量事实表明，人的目标行为的终止期大多发生在“半途”附近，那是一个极其敏感和脆弱的区域。导致半途效应产生的原因来自于两方面：一是目标选择不合理，有可能在选择目标的时候，过大或过小，从而导致了半途效应；二是个人的意志力，越是意志力薄弱的人越容易出现半途效应，如果你想干点什么，那一定要培养出坚韧不拔的精神。

在玫琳凯小时候，妈妈总是这样说：“你能做到，玫琳凯，你一定能做到。”玫琳凯女士不仅将这句话作为自己的座右铭，而且将这句话作为公司的理念来激励更多未来的女性。玫琳凯坦言，自己想创建公司是在遇到了一些挫折之后才真正的开始，那时候她才意识到自己的意志力。

玫琳凯女士曾在直销行业工作了25年，当时，她已经坐到了全国培训督导的位置。但是，眼看着自己曾经的一位男下属得到了提拔，不仅职位高于她，而且薪水将是她的两倍，玫琳凯女士毅然决定辞职，实现自己的一个理想，她说：“我建立公司时的设想是想让所有女性都能够获得她们所期望的成功，这扇门为那些愿意付出并有勇气实现梦想的女性带来了无限的机会。”

然而，在创业之初，她经历了多次失败，也走了不少弯路，但是，她从来不灰心、不泄气，从来没想过要放弃，反而越挫越勇，决心坚持到底。她这样诙谐地解释：“挫折是化了妆的祝福。”最后，她创建了玫琳凯公司。玫琳凯女士这样说道：“从空气动力学的角度看，大黄蜂是无论如何也不会飞的，因为它身体沉重，而翅膀又太脆弱，但是人们忘记告诉大黄蜂这些。女性就是如此——只要给她们以机会、鼓励和荣誉，她们就能展翅高飞。”

玫琳凯的成功案例是哈佛学子案头必备的研究，从她的身上，我们懂得：强大的意志力能战胜一切。凡是能够成大事者，他们必须经得起挫折的历练，经得起失败的打击，因为成功需要风风雨雨的洗礼，而一个有追求、有抱负的人，他总是视挫折为动力。

大凡做出巨大成就的人，他们与常人的区别就在于他们拥有较强的意志力，而并非他们有多么过人的本领。在大多数人不能坚持的时候，他们又多坚持了一会儿；在大多数人想要放弃的时候，他们咬着牙坚持了下来。当然，由于其拥有过人的意志力，任何事情在他们面前，都可以说是简简单单。而对于我们来说，拥有过人的意志力，往往能事半功倍。

对话自己

迎接挫折的过程，就是人们培养、增强意志力的过程。所以，挫折对天才来说是一块成功的跳板，对强者来说则是一笔宝贵的财富。所谓的挫折与苦难，是一所修炼人生的高等学府，你是否能顺利毕业，关键在于意志力是否强劲。

选择你所爱的，爱你所选择的

人们普遍存在着一种心理：一个人如果觉得这是一件不值得的事情，他往往会持冷嘲热讽、敷衍了事的态度。换句话说，对于他们认为不值得去做的事情，那就不值得去做好。当然，这种心理使得他们在从事自认为不值得的事情的时候难以成功，即使成功了，他们也体会不到多大的成就感。每个人都有不同的价值观，而人们去做事情的标准则是：只有符合自己价值观的事情，他们才会满怀热情去做。对于符合自己价值观的事情，他们能够做得很好；反之，与自己价值观不相符合的事情，他们很难做好，因为缺乏足够的热情。这就是心理学上的“不值得定律”。

在职场中，同样一份工作，在不同的环境下，它带给我们的感受是不同的。比如，在一家大公司，初入职场的你被安排做打杂跑腿的工作，

如果你认为这是不值得，那么你就连这些小事情都不能做好；反之，一旦你晋升了职位，你就会觉得这份工作是很难得的，自己一定要好好努力工作，因为它值得你去为之努力。

“我喜欢创作，但我却在做指挥。”这个矛盾一直折磨着世界著名的指挥家——伦纳德·伯恩斯坦。虽然他无数次站在舞台接受掌声和鲜花，但是，他的内心是不愉快的，总是感到阵阵隐痛和遗憾。生活中，我们常说“选择你所爱的，爱你所选择的”，其实，说的就是这个道理。

俗话说：“旁观者清，当局者迷。”有时候，我们自己置身其中，往往不能分辨出这件事到底值得不值得。这时候，我们应该换个角度思考问题，站在第三者的立场看问题，这样你就会多一些理解与包容，看问题会更全面、更周到。这样，你会对一些之前认为不值得的事情有一些改观。

小杜是计算机专业的硕士生，毕业后去了一家大型软件公司工作。工作没多久，他就凭着深厚的专业基础和出色的工作能力，为公司开发出了一套大型的财务管理软件。为此，他得到了公司同事的称赞和上司的肯定。

就在去年，小杜被提升为开发部经理，在上司看来，小杜不仅精通技术，而且是一个值得下属信任和尊敬的上司，而他所领导的开发部也确实屡创佳绩。公司老总认为小杜是一个不可多得的人才，就把他提升为总经办，负责全公司的管理工作。接到任命通知书后，小杜并没显得多么高兴，他明白自己的特长是技术而不是管理，如果自己纯粹去做管理工作，会使自己的特长无法发挥，同时专业技术也将会被荒废。更关键的是，自己并不喜欢管理，在小杜看来，那是不值得去做的工作。

可是，碍于上司的权威和面子，小杜还是接受了这份对他来说不值得做的事情。果然，在接下来的一个月里，虽然小杜作出了最大的努力，但还是令人失望。上司难以体会到他的苦衷，也开始对他施加压力。如今，小杜不但感到工作压抑，毫无乐趣可言，而且越来越讨厌这份工作，甚至想要离开公司另谋出路。

大量研究表明，在职场中，至少有一半以上的人将精力花在与工作无关的事情之上。如果你每天花这么多时间在一件不值得去做的事情上，那么，工作对于你而言，将会变成一件痛苦的事情，就像案例中的小杜一样，这种状态或许还会影响到你的大好前程。在这里，提醒那些将精力花在不值得去做的事情上的人们，不要再耗费自己的生命了。或许，到了你该离开的时候了，离开这个不能让你振奋、给你新知的地方，开始重新去寻找一些值得去做的事情，这样，才能体现出你应有的价值。

论语曰："十五而上学，三十而立，四十不惑，五十知天命，六十而耳顺。"人生是一个不断学习、不断丰富的过程。随着年龄的增长，我们的知识以及能力也会有所提高。在知识的感知下，我们将越来越能正确分辨，哪些事情是值得去做的，哪些事情是不值得去做的。

哲人告诫我们："多听，多看，多想，凡事三思而后行。"对于每一件事，每个人都有自己看不到、想不到的地方。为了避免一些人生的错误，我们应该多听、多看、多想，多听听他人的意见，这样，我们才能将事情判断得更准确，避免过分值得或不值得的现象的出现。

如果我们选择的是自己所感兴趣或认为有价值的事情，那么，我们就会激发出全身的力量去努力，心里也会相对坦然很多。对此，"不值得定律"给予我们这样的启示：不值得做的事情不要做，值得做的事情就要把它做好。当然，什么是值得的，什么又是不值得的，这根源于每个人的价值观。

跳出你心中的高度

有这样一个故事：有人问三个泥水匠："你们在干什么？"甲说："砌墙。"乙说："挣钱。"丙说："造世界上最有特色的建筑。"后来，前两位泥水匠一生碌碌无为，只有第三位泥水匠成为了知名的建筑

师，因为只有他清楚自己一块块地砌砖这样的小目标与未来一座宏伟建筑之间的关系。在我们身边，有许多人都明白自己在人生中应该做些什么，但就是迟迟不肯拿出行动来，根本原因就在于他们欠缺了未来清晰的目标，而有什么样的目标，就有什么样的人生。

一个人若是看不到自己的目标，会有怎样的结果呢？

1952年7月4日清晨，加利福尼亚海岸还笼罩在浓雾之中，在海岸以西21英里的卡塔林纳岛上，34岁的费罗伦斯·柯德威克涉水进入了太平洋里，她开始向加州海岸游去，如果这次能够成功，她就会成为第一位游过这个海峡的女性。在这之前，费罗伦斯·柯德威克是从英法两边海峡游过英吉利海峡的第一位女性。然而，这天清晨的情况，似乎没有想象中的顺利，海水冻得费罗伦斯·柯德威克身体发麻，由于浓雾越来越大，她几乎看不到护送自己的船。一个小时过去了，又一个小时过去了，无数的观众在电视上注视着她。对费罗伦斯·柯德威克来说，诸如此类的渡海游泳中最大的问题不是疲劳而是刺骨的水温，15个小时过去了，费罗伦斯·柯德威克被冰冷的海水冻得浑身发麻，她知道自己不能再游了，就叫人拉她上船。而柯德威克的母亲和教练就在另一条船上，他们告诉她："海岸很近了，不要放弃。"但是，罗伦斯·柯德威克朝加州海岸望去，前面是一片浓雾，什么都看不见。几十分钟以后，人们将柯德威克拉上了船，而拉她上船的地点，离加州海岸只有半英里。

当有人告诉柯德威克这个事实后，从寒冷中恢复知觉的她看起来很沮丧，她对记者说："真正令我半途而废的不是疲劳，也不是寒冷，而是在浓雾中看不到目标。"在费罗伦斯·柯德威克的一生中，只有这一次没有能坚持到最后。两个月后，柯德威克再一次尝试，这次，她成功地游过了这个海峡，她不但是第一位游过卡塔琳纳海峡的女性，而且比男子的记录还快了大约两个小时。

对于柯德威克这样的游泳能手来说，尚且需要目标才能鼓足干劲完成她有能力完成的任务，而对于我们普通人来说，更需要为自己设立一个清晰的目标。一个人如果没有明确而坚定的目标，是不会成功的。

克莱斯勒在年轻时曾做了一件疯狂的事情，他从银行里取出了所有的存款，到纽约参观汽车展，回来时还买了一辆新车。更糟糕的是，他回到家中便把车停到车库中，并将每个零件都拆卸了下来，研究完之后，又把车子组装起来。大家都认为他疯了，但是，最后他成为了闻名世界的“汽车大亨”。

在美国企业界，有一个深孚众望的奖项——美国国家品质奖，它象征着美国企业界的最高荣誉，而赢得此奖的企业，必须是能生产全国最高品质产品的企业。

1981年，摩托罗拉公司派了一个侦察小组到世界各地进行考察，不仅需要看别的企业怎么做，还要看它们如何精益求精。同时，摩托罗拉公司的员工也面临了挑战，那就是最大限度地降低工作中的错误率。公司设定了新的目标：所生产的电话合格率达到99.997%。所有摩托罗拉员工都收到了一张小小的卡片，上面标示着公司的目标。

1988年，66家公司竞夺美国国家品质奖，大多数参赛单位是一些如IBM、柯达、惠普等大公司的某一个部门，但摩托罗拉却以整个公司为单位参加竞赛，并轻松获得该奖项。1988年度，由于减掉了昂贵的零件与替换公司，摩托罗拉公司节省了二亿五千万美元，收入增加了23%，利润提高了44%，创造了前所未有的记录。

正如摩托罗拉公司一名主管说：“得美国国家品质奖，有一种金钱买不到的奇效。”这里的“奇效”就是指目标的效力，有什么样的目标就有什么样的人生，目标可以促使我们产生积极性。同样的道理，一个企业要想获得成功，就要为自己设定一个可以追逐的目标，摩托罗拉公司的成功就是最典型的案例。

许多人不敢去追求梦想，不是梦想太远，而是因为他们心里已经默认了一个“高度”，而这个高度常常使他们受限，所以，他们看不到未来确切的努力方向。

不断鞭策提升自我

一匹再懒惰的马，只要身上有马蝇叮咬它，它也会精神抖擞，飞快地奔跑。这就是心理学中著名的马蝇效应。马蝇效应告诉我们，只有适时地鞭策自己，方能使自己不断地前进，获得成功。一个人只有被叮着咬着，他才不敢松懈，才会努力拼搏，不断进步。

有时候，我们会满足于现状，不思进取；有时候，我们会自暴自弃，甚至破罐子破摔。通常情况下，越是有能力的人越容易自负，内心有着强烈的优越感，如果任由这样的情况发展下去，自己会被自满吞噬，安于现状、不思进取；另外，有的人在遭遇了一点点挫折之后就松懈了，丧失了生活的希望，自暴自弃。其实，在这些时候，我们都需要利用马蝇效应来鞭策自己，赶走身上的自负与骄傲、畏惧与自卑，激励自己，勇往直前，迎接人生新的一天。

1860年大选结束后，林肯当选为美国总统，他任命参议员萨蒙·蔡思为财政部长，蔡思非常有能力，但是，他狂热地追求最高领导权，而且嫉妒心很强。本来，蔡思想入主白宫，但是，林肯当选了总统；于是，他不得不退而求其次，想当国务卿，但是，林肯任命了西华德。蔡思只好坐了第三把交椅，并对此怀恨在心。一天，巴恩看见萨蒙·蔡思从林肯的办公室出来，巴恩对林肯说："你不要将此人选入你的内阁。"林肯问道："你为什么这样说？"巴恩回答道："因为他认为他比你伟大得多。"林肯恍然大悟："哦，你还知道有谁认为自己比我要伟大的？"巴恩回答："不知道了，不过，你为什么这样问？"林肯说："因为我要将他们全部收入我的内阁。"

后来，《纽约时报》的主编亨利·雷蒙特拜访林肯的时候，特地告诉林肯，蔡思正在狂热地上蹿下跳，准备谋求总统职位。林肯以自己特有的幽默方式告诉雷蒙特："你不是在农村长大的吗？那么你一定知道什么是马蝇了。有一次，我和我的兄弟在肯塔基老家的一个农场犁玉米地，我吆马，他扶犁，这匹马很懒，但有一段时间它却在地里跑得飞快，连我这双长腿都差点跟不上。到了地头，我发现有一只很大的马蝇叮在它身上，于是，我就把马蝇打落了。我的兄弟问我为什么要打掉它，我回答说，我不忍心让这匹马那样被咬，我的兄弟说，‘哎呀，正是这家伙才使马跑起来的嘛。’”讲完了故事，林肯意味深长地说：“如果现在有一只叫‘总统欲’的马蝇正叮着蔡思先生，那么只要它能使蔡思的那个部不停地跑，我就不想去打落它。”

林肯所提出的“马蝇效应”被许多人运用到公司或企业的管理中来，然而，管理好了自己才能有效地管理别人。在日常生活中，我们也需要利用好马蝇效应，适时鞭策自己，使自己努力向前。林肯以“欲求”叮着蔡思先生，其实，每个人对生活都有各种不同的欲求，有的人注重精神的东西，比如荣誉、地位；有的人比较注重物质，比如金钱。

对于我们自己来说，最大的欲求就是梦想。在人生的道路上，我们要以“梦想”这只马蝇来叮着自己，激励自己，让自己这匹“马儿”欢快地跑起来。

一天夜里，小偷潜入了谈迁的家里，但是，小偷发现谈迁家里空荡荡的，根本没有什么值钱的东西。正当小偷失望而归的时候，他一眼瞥见了屋子角落里有一个锁着的竹箱，小偷如获至宝，以为里面装着值钱的财物，就把整个竹箱偷走了。其实，那个竹箱里并没有什么值钱的东西，而是谈迁刚刚写好的《商榷》，对小偷来说，这东西一文不值，而对谈迁来说，却是珍贵的书稿。

20多年的心血化为了乌有，这对谈迁来说，是一个致命的打击。他已经年过半百，两鬓花白，似乎无力坚持下去了。但是，谈迁没有放弃，他不断地鞭策自己：再写一本将会更精彩。在强大信念的支撑下，谈迁从痛苦中崛起，重新撰写那部史书。10年以后，又一部《商榷》诞生了，新著成的《商榷》共计104卷，500万字，而内容比之前的那部更精彩、翔实，谈迁也因而名垂青史。

小偷在无意之间做了那只“马蝇”，促使谈迁鞭策自己，重新撰写了《商榷》这部史书。或许，正是因为再一次的仔细撰写，才使得《商榷》更精彩，而谈迁也因此而名声大振。生活有时候就是这样，总在有意无意

之间影响着我们，然而，只要不停止对自己的激励，我们永远都有再站起来的那一天，成功从来不曾离我们而去。

生活一直在继续，我们停止了前进的步伐是因为我们内心已经松懈、倦怠，所以，适时鞭策自己，不断地鼓励自己，前方就是成功之路。只要我们不断地提醒自己，激励自己，我们就会像那匹被马蝇所叮的马儿一样，越跑越快，最终能够将心中的梦想变成现实。

想改变世界，先改变自己

人生在世，谁不渴望出人头地？美国成功哲学演说家金·洛恩说过这么一句话："成功不是追求得来的，而是被改变后的自己主动吸引而来的。"我们之所以没有成功，是因为在我们身上存在着许多致命的缺点，如自私、傲慢、急躁、没有明确的人生目标、缺少自信、做事情不脚踏实地、没有耐心等，这些缺点严重制约了我们的发展。只要对自己进行深刻的检讨，采取改进措施，你的精神面貌就会发生巨大变化，会感觉到自己在一天天地向成功迈进。

改变自己就要学会接受新事物，每个人都有着无限的潜能等待开发，只可惜，我们往往限制了自己的心态。科技进步的速度快得惊人，也相对引导着社会各方面的发展，如果你仍一味地沿用旧的思想、旧的做法去做人做事，那么就会被社会淘汰。所以，千万不要当个死硬派，很多不该再坚持的观念，何苦抓住不放呢？接受新思想，摒弃不适当的旧观念，能够使你改造自己，成为你扩大格局的好起点。

福勒是美国一个黑人佃农的儿子。他五岁就开始参加家庭劳动，他们一家一直过着很贫穷的生活。福勒有一位不平常的母亲，她很早就发现福勒与其他6个孩子不同。母亲有意识地经常将福勒拉在身边，跟他谈论心中的想法。她反复地说："福勒，我们不应该贫穷！我们的贫穷不是由上帝安排的，而是由于我们家庭中的任何人都没有产生过出人头地的想法……"

我们的贫穷是因为我们没有奢想过富裕！这个观念在福勒的心灵刻下了深深的烙印，成就了他以后无比辉煌的事业。福勒改变贫穷的愿望像火花一样迸发了出来——他挨家挨户推销肥皂达12年之久，并由此获得了许多商人的尊敬和赞赏。一段时间以后，福勒不仅在最初工作的那个肥皂公司，而且在其他7个公司都获得了控股权。可以说，福勒获得了巨大的成功。他彻底改变了家庭的贫穷，扭转了家庭的命运。

有人会说，我是很想立即改变现状，但周围的大环境就这样，不允许，没办法呀！他必定是忘了：一个人在面临无法改变的环境的时候，首先要学会改变自己，自己改变了，环境也会随着改变。西方有句谚语："生存决定于改变的能力。"不少人往往是一方面想改变现状，另一方面又害怕承受痛苦，结果把自己弄得既矛盾又挣扎，折腾了一大圈又绕回到起点。改变是痛苦的，但是，如果不改变，那将是更大的痛苦。

成功学专家陈安之说："不要把赚很多钱当作你人生最重要的目标。只要你能够成为最好的人物，最好的事情也就会发生在你身上。若你想要得到一切最美好的事物，你必须把自己变成最好的人。"所以，在失意的时候，不要急着抱怨这个世界不公平，世界从来不会因为某个人的抱怨而改变。不如改变自己来适应环境，如果人是正确的，他的世界就是正确的。

"适者生存，不适者则被淘汰"，这是自然规律，世上的事物时时刻刻都在发生着改变。如果你跟不上社会的步伐，你会被社会抛得越来越远。面对这样的状况，只有改变自己才是出路。许多时候，担心是多余的，欣然地面对现实，勇敢地接受挑战，能够塑造一个"全新的自己"。人生是由一连串的改变形成的。当你的环境、教育、经验、吸收的信息发生变化时，你的心理多多少少都会产生不同程度的变化。改变就是机会，

只要你及时处理，就会有好的机会与开始。唯有良好的自我改变，才是改变事情、改造状况，甚至改变环境的基础。

日本保险业泰斗原一平在27岁时才进入日本明治保险公司开始他的推销生涯。当时，他穷得连午餐都吃不起，经常露宿公园。

有一天，他向一位老和尚推销保险。等他详细地说明之后，老和尚平静地说："你的介绍丝毫引不起我投保的意愿。"老和尚注视原一平良久，接着又说："人与人之间，像这样相对而坐的时候，一定要具备一种强烈的吸引对方的魅力，如果你做不到这一点，将来就没什么前途可言了。"原一平哑口无言，冷汗直流。

老和尚又说："年轻人，先努力改造自己吧!"

"改造自己?"

"是的，要改造自己首先必须认识自己，你知不知道自己是一个什么样的人呢?"

老和尚又说："你在替别人考虑保险之前，必须先考虑自己，认识自己。"

"考虑自己?认识自己?"

"是的!赤裸裸地注视自己，毫无保留地彻底反省，然后才能认识自己。"

从此，原一平开始努力认识自己，改善自己，终于大彻大悟，成为一代推销大师。

一个人如果不先改正自己的缺点和不足之处，使自己成为一个人格完善的人，就很难获得成功，更谈不上去影响、改变别人。人活在世上的首要任务是改变自己，进而改变世界。如果同事对你不友善，而你又不去改正自己的缺点，那么即使你换个单位也没用；如果你的成绩很难提高，而你又不去改变学习方法和学习态度，那么即使换了老师也没用。只有你率先改变，生活才会随之改变。

世界是在不断发展变化的，每个人也是在不断发展变化的。变化始终存在，不管这变化是好是坏，我们必须接受，而变化的好坏往往取决于人的适应能力。要适应瞬息万变的社会，我们必须作出改变，而且，改变必须

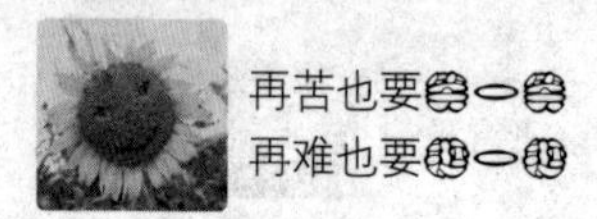

从今天开始，马上开始，从自己开始，从每一件小事开始。这样才能获得成功！

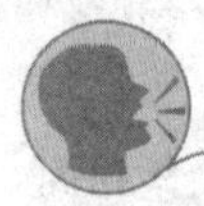

对话自己

适者生存，这是人类一切问题的答案。试图让整个世界适应自己，这便是麻烦所在。试图让一切适应自己，这是很幼稚的举动，而且是一种不明智的愚行。想要改变世界很难，而改变自己则较为容易。如果你希望看到自己的世界改变，那么第一个必须改变的就是自己。

第13章 别怕改变，跟着自己的心走

世界永远不变的是变化，万事万物在每一瞬间都在发生着无穷的变化。然而，人们总是对未来发生的一切充满畏惧，因过分谨小慎微，对一切新奇的都不敢涉足，只能原地踏步。人生别怕改变，跟着自己的心走。

为人做事不必太谨慎

在生活中，我们一贯主张“谨慎做事”，这本来是一项很重要的做事准则。但是，凡事都有两面性，优点和缺点会互相转化。做事谨慎是好事，但是，如果一个人做事过于谨小慎微，就会使自己的胆子越来越小，眼睁睁地看着机会从眼皮底下大摇大摆地溜走。很多时候，我们需要大方为事，换句话说，就是做事时要有一股闯劲，不能畏首畏尾，否则只会误了大事。如果在做任何一件事情之前你都前前后后计算好了才去做，那么，机会恐怕早已被别人抢先了。

而且，做事太过于谨小慎微，往往会出差错，惹麻烦。一件事情，如果想好了就放开手脚，凭着一股闯劲去做，那么，在做事情的过程中，你可能会顺顺利利。但是，如果你太留心这件事，即便你最初很执着，很用心，也会因为你做事太谨慎、太计较，反而更容易出错，惹来一些不必要的麻烦。

在生活中，许多人一遇到事情就如临大敌，左想右想，反反复复考虑某些问题。其实，当你在谨慎策划的时候，只怕别人已经捷足先登了。因此，做事应大方，想好了就去做，战胜内心的胆怯，千万不要畏首畏首，过分谨小慎微只会让你错过良机。

三国时期，司马懿极具军事才能，但是，他做事太过于谨小慎微，因此中了诸葛亮的“空城计”。

街亭失掉后，魏将司马懿乘势引大军十五万向诸葛亮所在的西城蜂拥而来。但是，诸葛亮身边没有大将，只有一班文官，所带领的五千军队也

有一半人去运粮草了，只剩下二千五百名士兵在城里。众军听到司马懿带兵前来的消息都大惊失色。诸葛亮登城楼观望后，对众军说："大家不要惊慌，我略用计策，便可教司马懿退兵。"

于是，诸葛亮传令，将所有的旌旗都藏起来，士兵原地不动，如果有私自外出以及大声喧哗者，立即斩首。同时，让士兵把四个城门打开，每个城门之上派二十名士兵扮成百姓模样，洒水扫街。而诸葛亮本人则批上鹤氅，戴上高高的纶巾，在望敌楼前凭栏坐下，慢慢弹起琴来。

司马懿的先头部队带来城下，见到这种气势，不敢轻易入城，便急忙返回报告了司马懿。司马懿听了，哈哈大笑："这怎么可能？"于是，他亲自飞马前去观看，看到此般情景，疑惑不已。一向做事谨小慎微的他不敢贸然闯入，只好下令军队撤退。

后来，司马昭说："莫非是诸葛亮家中无兵，所以故意弄出这个样子来？父亲您为什么要退兵呢？"司马懿说："诸葛亮一生谨慎，不曾冒险，现在城门大开，里面必有埋伏，我军如果进去，正好中了他们的计，还是快快撤退吧！"

等到各路军马都撤退以后，诸葛亮的士兵问道："司马懿乃魏之名将，今统十五万精兵到此，见了丞相，便速退去，何也？"诸葛亮说："兵法云，知己知彼，百战不殆。如果是司马昭和曹操的话，我是绝对不敢实施此计的。"

诸葛亮说："兵法云，知己知彼，百战不殆。如果是司马昭和曹操的话，我是绝对不敢实施此计的。"这句话意指司马懿本身是一个做事谨小慎微的人，从来不打没有把握的仗。一旦他觉得前面有埋伏，他就会选择撤退，而诸葛亮恰恰算准了他这样的心理。虽然谨小慎微让司马懿做了不少成功的事情，但在"空城计"里，他却偏偏因过分谨慎而中计了。

每个人都有自己的追求，或金钱，或名望，或权力，或爱情，或崇高的理想信念等。不同的是，有的人在追求的驱动下一往无前并成功了，而大多数人面临的，不是止步不前就是难堪的失败，这是为什么呢？当我们观察那些所谓的成功人士的时候，会发现他们身上有一个共同点就敢想敢做。

在生活中，许多做事太小心的人，他们一辈子都活在胆怯中，有了好的机会，瞻前顾后；有了好的事情，不敢上前，畏首畏尾。结果，一直到生命终结的那一天，他们还是很胆怯，他们在一生中，可能没做成一件大事。而做大事者，应该是光着膀子甩手干，没有任何束缚，也不受任何禁锢的人，他们乐得轻松，不胆怯，不犹豫，大方为事。

做事太谨小慎微，往往会瞻前顾后，犹豫不前，结果白白浪费大好的机会。当你有了一个好的想法，或面临一项艰巨的任务时，不要畏惧，而要迅速行动起来。瞻前顾后，谨小慎微，只会给你带来恐惧，而一旦行动起来，就可以顺便作调整，最终成就大事。

责任心让你更优秀

如果你想要更出色，就不要害怕承担责任，因为责任是你走向成功的起点，责任是超越自我的必要条件，责任往往能成就一个人的成功。无论做什么事情，只要认真地、勇敢地担起责任，你就能得到别人的尊重。

在生活中，每个人都扮演着不同的角色，而每种角色又承担着不同的责任，我们最大的成功就是完成自己的责任。内心的责任感，会让我们在困难时咬牙坚持下去，在成功时保持清醒的头脑，在绝望时坚决不放弃。承担责任，在某些时候，并不单单为了自己，也是为了别人。

在生活中，有许多人习惯寻找各种理由为自己没有完成的事情推卸责任，他们将本该自己承担的责任转嫁给他人。可以想见，一个逃避困难、不敢承担责任的人，势必缺乏做事的能力和魄力，没有人会相信他能做好事情。在做事的过程中，放弃责任就等于放弃了成功的机会，因为强烈的

责任感能激发一个人的潜能。我们经常可以看见这样一些人，他们缺乏最基本的责任感，当有人强迫他们工作的时候，他们才勉强应付工作，如此，他们又怎么能发挥出自己的潜能，怎么会有自己的魄力呢？

有一个小姑娘到东京帝国酒店做服务员，这是她进入社会的第一份工作。然而，让她万万没有想到的是上司会安排她去洗厕所。而且，上司对她的工作要求很高：必须把马桶抹洗得光洁如新！

怎么办呢？是接受这份工作，还是另谋职业？小姑娘陷入了矛盾之中，这时，一位曾经洗厕所的先辈不声不响地为她作了示范，当他把马桶洗得光洁如新的时候，他竟然从中舀了一勺水喝了下去。看到对方的工作态度，小姑娘明白了什么是工作，什么是责任。

于是，她漂亮地迈出了职业生涯的第一步，同时，也踏上了成功之路。后来，她所清洗的厕所，从来都是光洁如新，而且，她也不止一次喝过马桶里的水。几十年过去了，她成为了日本政府的邮政大臣，她就是野田圣子。

在生活中，怕承担责任的人屡见不鲜，但是，逃避责任却是一件不光彩的事情。那些不敢承担责任的人，他们往往打着这样的借口："这不是我的错""我不是故意的""本来不会这样的都怪……""这不是我做的事情"等。他们全盘否认自己的过失，推卸责任。

只是，在他们成功地推卸责任的同时，他们也失去了做事应有的魄力。因为，一个敢于承担责任的人，他总是充满着魄力，浑身洋溢着无尽的神采。

阿基勃特是美国标准石油公司的一名小职员，他平日对人很诚恳，工作十分努力，但是，他给人印象最深刻的还是那个绰号——每桶四美元先生。

原来，阿基勃特每次出差住旅店的时候，他总是会在自己签名的下方，认真地写上这样一行字："标准石油每桶四美元"。而在平日来往的书信和各种收据上，只要是他的签名，他也一定会写上那句话。时间长了，同事不再叫他阿基勃特先生，而是称他为"每桶四美元先生"了。

有一天，这件事情被公司上层知道了，就连公司当时的董事长洛克菲勒也听说了这件事。洛克菲勒很惊奇地说："本公司竟然有这样的职员，他无时无刻不在宣传公司的产品，我一定要见见他。"于是，他热情地邀请了"每桶四美元先生"共进晚餐。

后来，洛克菲勒董事长卸任，"每桶四美元先生"，也就是阿基勃特先生成为了标准石油公司的董事长。

其实，签名时顺便宣传公司是标准石油公司任何一名员工都能做的事情，但是，只有阿基勃特做到了。或许，在当初嘲笑他的人中，肯定有不少有才有志的人，但是，因为他们缺乏"每桶四美元先生"的那份责任感，到最后，只有阿基勃特成为了董事长的接班人。

责任使人进步，逃避使人退步。一个优秀、有魄力的人，应该怀有很强的责任感。对自己负责，对自己所做的一切负责任，无论那些事情是对还是错。

在现实生活中，敢于承担责任的人早已经微乎其微。在一个严重错误发生之后，大多数人会为自己找借口，或者把责任推到相关的人身上，因为害怕承担自己抉择的后果，他们选择了逃避责任、推卸责任。但是，在任何年代，那些敢于承担责任的人都是勇敢的，无私的，责任感是他们不断前进的动力。

人生一直是在适应中体味快乐

现代社会中，几乎任何人都无法避免看陌生的风景，结识陌生人，甚至生活在一个陌生的环境里。这个世界是变化莫测的，如果我们固执地待在最初的原点，那么，我们将不能适应这个世界的变化，并逐渐被这个世

界所淘汰。当然，对于大多数人来说，他们更喜欢接触熟悉的人和事，因为熟悉，内心便少了那份恐惧。

在陌生的人和事面前，人们往往会乱了阵脚，多了胆怯，他们不知道自己该说什么话，该做什么事情，甚至，他们根本不知道自己应该把手放在哪里才好。既然陌生的风景、陌生的人、陌生的环境是我们无法拒绝的，那么我们为什么不尝试着去慢慢接受呢？其实，人生一直是在适应中体味快乐，我们又何苦那么惧怕陌生呢？

在陌生的环境里，你会结识新的朋友，新的同事。你会有一间跟以前全然不同的房间，或许，你早就厌倦了之前的摆设，不是刚好可以趁着这个机会重新装饰吗？你会有一种新的生活方式，以前那循规蹈矩的生活你早就厌倦了，为什么不趁着这个机会改变呢？在适应陌生的过程中，其实你一直都能体味到那种“新奇”的快乐，因为一切的一切对于你来说都是未知的，新鲜的，自然也是乐趣无穷的。

王先生热衷于广结朋友，而他最擅长的就是与陌生人打交道。有朋友问他：“面对陌生人，你不害怕吗？”

王先生哈哈大笑，回答说：“我这个人可从来不提倡‘不要和陌生人说话’，相反，我觉得与陌生人聊天乃是人生的一大乐趣。前不久我回老家，坐在拥挤的大巴车里，人们用熟悉的乡音聊天，一位年逾70岁的老大爷跟我们讲了他参加革命的故事，我就特别喜欢，时而询问两句，看着他那颤动的皱纹，我觉得自己又多了一个陌生的朋友。虽然下车后我们各走各的，可能以后都不会见面了，但是，他所讲述的那些故事，以及他这个人，都有可能会成为我讲给别人的故事，我仍记得，我曾跟这样一个陌生的大爷在一辆破旧的大巴车上热情地聊天。”

朋友笑了，说道：“也难怪你能说那么多好听的故事，不认识你的人还以为你经历了很多事情呢！”王先生笑着说：“其实，那些故事都来源于陌生人。人们常说‘行万里路’，事实上，我与那些不同的人打交道，听不同的故事，认识不同的人，我又何尝不是行万里路呢？所以，对于我来说，比起那些熟悉的朋友，有时候我更愿意接触陌生人。”

与陌生人结识其实就是一段新奇的旅程，在这段旅程里，你会接触到不同于以往所认识的人，包括他的秉性、长相、说话方式，以及发生在他身上的故事。其实，在这个世界上，对我们来说并没有什么完全陌生的东西，因为一切陌生的事情都会慢慢地变得熟悉起来。那熟悉的过程，事实上就是体味快乐的过程，有时候，快乐就是如此简单，比如听别人的故事。

“陌生”这个词儿常常会唤起人们内心的胆怯，他们害怕去接触，更害怕从一个熟悉的环境到一个全新的环境。其实，这样的心理是可以理解的，从陌生到熟悉，需要一个漫长的过程中。但是，只要你换一个角度，就会发现，所谓的“陌生”其实就相当于一场新奇的探索之旅。

别被陈旧的思想禁锢住

无论做什么事情，如果你总是在别人用过的套路中打转转，那只会束缚自己的思维；这时你应该做的，就是跳出框框，别被固有的思想禁锢住。当经验在大脑里越积越多，甚至形成一种思维定势的时候，人们总习惯用自己的价值标准和思维模式来评判事物，其实，这就是所谓的“思想僵化”。通常情况下，越是在机遇面前，一个人的心理越是趋于保守，他就越容易陷入这样的困境，他很难去做任何事情。生活在这个变化莫测的世界，时代不停向前，逆水行舟，不进则退，如果你不愿意创新自己的思想，总有一天，你将会被这个社会所淘汰。

匈牙利在20世纪40年代发明了圆珠笔，由于它易于书写和便于携带，所以一经问世便风靡全球。可好景不长，这种圆珠笔在使用一段时间后就会出现漏油的现象，极易弄脏纸张及衣袋。

对此，圆珠笔发明者及很多研究圆珠笔的人都对于漏油问题进行了深入反复的研究，最终发现问题在于笔珠书写时受到磨损，墨油就跟随磨损部位漏出来。他们一直将注意力停留在笔珠的研究上，拼命提高笔珠的耐磨性。当他们把笔珠的耐磨性改善后，笔珠与笔杆接触的耐磨问题又冒出来了。

日本人中田藤三郎发现了问题中的奥秘，在他看来，圆珠笔是个很有发展前途的商品，假如他能改进它的漏油问题，将会获得比圆珠笔发明者更多的财富。他仔细分析了圆珠笔的结构及出毛病的原因，也总结了许多人对改进漏油问题的失败经验，最后，他采取逆向思维，找到了防止圆珠笔漏油的方法。

他的方法很简单：通过反复试验，统计圆珠笔写到多少字开始漏油，在掌握这个数值的基础上，他着手把笔芯的装油量减少，减少到当笔珠磨损开始漏油时，芯子中的笔油已经用完了，这样，就再也无油可漏了。笔芯的油用完了，可换支笔芯，圆珠笔可继续使用。

在解决圆珠笔漏油的问题上，中田藤三郎并没有被固有思想的框框套住，而是逆向思考，开拓思维，因而巧妙地解决了难题。人和动物最根本的区别在于有思想、有思维活动，但是，思想也是需要推陈出新、不断更新的。否则，总是被固有的陈旧思想束缚，只会一事无成。

在美国纽约街头，有一位卖气球的小贩，每次生意不怎么好的时候，他就会使用这样的方法：向天空放飞几只气球。这样一来，就会吸引一些围观的小朋友来玩耍，自己的生意又会好起来，那些被气球吸引过来的小朋友都争着买他那些色彩漂亮的气球。

有一天，当他向空中放飞了几只气球后，他发现了在一大群围观的孩子中间有一个黑人小孩，他正用一种疑惑的眼神看着天空。小贩很奇怪，他在看什么呢？顺着黑人孩子的眼光看去，他发现空中正飘着一只黑色的气球。这只黑色气球是否代表着孩子自己呢？

小贩走上前去，用手轻轻地抚摸黑人孩子的头，微笑着说：“孩子，黑色气球能不能飞上天，在于它心中有没有想飞的那一口气，如果这口气够足，那它一定能飞上天空。”

在当时的美国，种族歧视十分严重，黑人在美国社会根本没有什么地位。难道黑人就真的没有办法像黑气球一样飞上天空吗？或许，在几百年前，美国白色人种不会相信有一天黑人也会坐上总统的位置，那是固有的思想。但是，在今天，相信所有的美国人都知道，黑色人种一样可以很好地统治美利坚合众国。当然，几百年来，无数的黑人并没有被固有的思想所束缚，他们一直在努力，终于跳出了框框，而奥巴马则成为美国第一任黑人总统。

成功者说：“财富是想出来的。”其实，一个人要想成功，不仅仅要养成思考的好习惯，还需要不断地创新自己的思想，开阔思路，扩展思维，这样，你才能更大限度地获取有益的信息，从而促成自己获得辉煌的成就。对于那些敢于冲破固有思想的人来说，他们永远不会跟随众人的思维模式，而会独辟蹊径地找到一条新的解决问题的道路，那是他们身上的一种特质。

新思想是击破思维定式的有效武器，无论是在思考的开始，还是在其他某个环节上，当你的思考活动遭遇了障碍，陷入了某种困境，难以再继续下去的时候，你需要思考一下：自己的头脑中是否有了固有思想在起束缚作用，自己是否被某种思维定势捆住了手脚？

生命开始于舒适地带的尽头

在这个世界上，没有一成不变的事情，每时每刻，这个世界都在发生着巨大的变化，但是，改变将会引起人们内心的恐惧。事实上，几乎所有的改变都会导致恐惧，不管是好的改变，还是坏的改变，都会唤起人们内心的恐惧。

有人想结婚，但他马上会陷入恐慌，如果爱情无法天长地久怎么办？如果自己选错了伴侣怎么办？有人想换一份新的工作，但他马上会惶恐不安，如果自己不能胜任新工作怎么办？如果公司没办法兑现招聘时的承诺怎么办？甚至，有的人想改变自己的发型，他也会担忧不已，万一新发型看起来很糟糕怎么办？如果自己因此而变得不漂亮怎么办？这听起来似乎很可笑，但事实就是如此：改变常常令我们感到局促不安。

王太太结婚时，嫁给了一个地产大户，因为家里人相中了对方家里的财势。第一次去他家，她看着旋转的大厅，以及宽阔的大花园，心里觉得没什么好拒绝的。于是，婚事就这样答应了下来。

结婚后，王太太过着衣食无忧的阔太太生活，老公整天忙着工作，她无聊就约上几个朋友打麻将，或者飞到香港去购物。她常常会想：如果失去了这样的生活，自己该怎么办？当然，王太太的担心并不是毫无理由的，最近，楼市跌得厉害，许多房产大户都成了穷人家。就像经常与自己一起打麻将的张太太，去年房市低迷，他们硬是没熬过来，现在一家人挤在几十平米的出租房里。每次打电话，张太太都哭着说：“这日子是没法过了。”

没想到，过了不久，这样的猜想成为了事实。王先生投资失败，不仅血本无归，还欠了几十万的债。王太太还没来得及看一眼后花园，就坐着一辆破旧的面包车走了。搬家后，他们租了房子，王先生的家人凑了钱还了债，王先生和太太都开始了工作。

上班、煮饭、洗衣服、一个人带孩子，这些事情，王太太连想都没想就做了。后来，她发现自己的老公除了会赚钱以外，还会炒菜、煮饭，还会逗着孩子开心。以前他太忙，两个人几乎没好好地在一起生活，现在这样的日子挺好的。王太太想起以前总害怕自己的生活发生改变，但是，真的变了，她却发现没什么不好，失去了物质上的富足，却找回了久违的家的温暖。

上帝在关上一扇门的同时，会为你打开另一扇门。当我们过着熟悉的生活的时候，总是害怕会被改变，但是，许多灾难、横祸是无法阻挡的，我们只能改变我们的心态，以及我们的内心的胆怯。不要去在乎自己失去了什么，哪怕是工作、房子、信用卡，无论我们的生活发生了怎么样的剧变，我们都可以从头开始自己的人生，甚至，你会登上新的高度。

惠普中国区首席财政官韩颖说：“好的设想常常被扼杀在摇篮里，但这绝对不是你变得平庸的真正原因，永远不要害怕改变，改变里藏有契机。”

当年，韩颖离开了自己工作九年的海洋石油公司，正式加入惠普公司，在财务部工作。那年，她34岁，面对周围朋友的异议，她说：“人生什么时候改变都不会晚。”

在20世纪80年代末期，惠普公司的员工还没有工资卡，每次发工资都是手工完成。300多人的工资，又没有百元大钞，韩颖必须得一一核实，经常数钱就数得头都晕了。无意中经过公司附近的一家银行时，韩颖灵光一现，为什么不给员工开户，让员工凭着折子领取工资呢?

说做就做，她兴奋地告诉大家以后领工资不用去排队等候了，直接拿着折子就可以去银行领取了。但是，事情并不顺利，先是员工们有抵触情绪，然后，上级领导又把韩颖批评了一顿。回到财务部，韩颖努力忍住自己的眼泪，难道自己真的错了吗?

正在这时，公司的上层领导听说了这事，肯定地赞扬了她：“你改写了公司手工发工资的历史，这种勇气和创新精神非常值得嘉奖！”

改变，它本身带着一种破坏性，意味着你将破坏以前固有的东西，而重新去接纳一种新的东西。几乎所有的改变都具有破坏性，即使是好的改变。但是，在生活中，许多事情都是需要改变的，那是不容拒绝的。或许，人的心理就是这样矛盾，不变让人厌烦至极，而改变却让人局促不安。通常情况下，那些熟悉的、不变的事情总会让我们感到心安。

有人说：“生命开始于舒适地带的尽头。”无论改变本身带给我们怎样的不安心理，我们都必须记住：生活中的改变只是一个开始，而并不是一个结束。不要害怕改变，因为人生的乐趣就在于接纳新的生活。

第14章 别不好意思，面子没那么值钱

俗话说：“人争一口气，佛争一炷香。”但是，做大事的人从来“不要脸”，世界上最不值钱的就是面子，死要面子的人往往活受罪。做任何事情，行动都是最好的见证，放下面子，成功就在前方。

坦然指出错误，别太有负担

许多人之所以不敢说话，不敢指出别人的错误，那是因为怕自己说的话会伤害到别人，或者说直接地批评往往是需要勇气的，这就会让自己背上“不好意思”的心理负担。在现实生活中，我们批评对方是为了根除某部分错误，使对方走上正确的道路，因此，要想批评达到很好的效果，就必须讲究批评的技巧性，而避免消极、简单、直接的倾向。批评是一门艺术，批评是为了鞭策和激励他人更好地完善自我。

批评是一种反向的激励，如果运用不好，就很容易刺激他人，特别是会刺伤对方的自尊心和荣誉感，这样不但收不到激励的效果，还会走向激励的反面，使被批评者情绪消极、表现被动，甚至会作出偏激和抵抗的反应。所以，我们在批评的时候，切忌直接指出对方的错误，因为这样会伤害其自尊心，而是需要委婉指出错误，在言语上需要含蓄婉转地表达，切忌尖酸刻薄，否则，便会引起不良的后果。

每个人都有自尊心，即使是犯了错误的人也是如此。如果对方真的在某些方面犯了错误，我们在批评的时候，要考虑到对方的自尊心，切不可随便加以伤害。因此，批评他人的时候，一定要让自己保持心平气和的状态，如春风化雨；而不是大发雷霆，横眉怒目，自以为这样才能显示你的威风。

实际上，这样的批评方式，最容易伤害对方的自尊心，甚至会导致矛盾激化。因此，你在批评对方的时候，要戒言辞尖刻、恶语伤人。当你怒火正盛的时候，最好先别批评，等自己心情平静下来之后再去批评人。切忌讽刺、挖苦，恶语伤人，虽然对方有过错，但是在人格上与你完全相

等，所以不能随便贬低对方甚至污辱对方。

王太太为整修房屋而请来了几位建筑工人。起初几天，她发现，这些建筑工人每次收工后都把院子弄得又脏又乱。可他们的手艺却让人无法挑剔，王太太不想训斥他们，便想了一个好办法。一天，建筑工人收工回家后，她便偷偷地和孩子们一起把院子收拾整齐，并将碎木屑扫好，堆到院子的角落里。到第二天工人们来干活时，她把工头叫到一边大声说："我真的为你们在收工前将我的院子扫得这么干净而高兴，我很满意你们的举动。"之后，每到收工时，工人们都自觉地把木屑扫到角落里，并且让工头作最后的检查。

如果王太太直接指出工人的错误，肯定使工人们大为恼火，而这种情绪会影响其工作效果，也会破坏他们与王太太之间的友好关系。所以，聪明的王太太舍弃了直接指出错误的做法，而是委婉地表达出自己的想法，聪明的工人们一下子就明白了王太太的意思，也认识到了自己的错误。因而，每次完工之后，工人们都会自觉地把木屑扫到角落里，并且让工头作最后的检查。

一位上士谈到这样一个问题："许多后备军人在受训期间，他们经常抱怨的就是必须理发，因为他们认为自己仍然算是普通老百姓。有一次，我奉命训练一群后备士官，按照以前的一般的军人管理办法，我可以像其他教官那样大声吼叫，或是出言恫吓，但是我并没有这样做，而是以委婉指出此事的利害的方法达到了我的目的。"

顿了顿，上士接着说："我对他们说，'诸位，你们都是未来的领导者，你们现在如何被领导，将来也要如何去领导别人。诸位都知道军队中对头发的规定，我今天就要按照规定去理发，虽然我的头发比你们的还短得多。诸位等一下可以去照照镜子，如果觉得需要，我们可以安排时间到理发室去。'结果，我话刚说完，真的有许多人开始去照镜子，并且按照规定理好了头发。"

在这个案例中，教官正是以委婉的批评方式达到了自己的目的。委婉式的批评其实就是间接式的批评，不当面直接地进行批评，而采取间接的方式对他人进行批评。你可以采用借彼比此的方法，声东击西，让被批评者有一个思考的余地，从而更容易接受。委婉式的批评的特点就是含蓄蕴

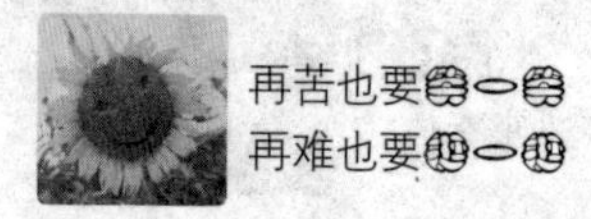

藉，不会伤害被批评者的自尊心。

批评是在平等的基础上进行的，态度上的严厉并不等于语言的恶毒，只有那些无能的人才去揭人伤疤。揭人伤疤的做法只会让人勾起一些不愉快的记忆，这样对问题的解决毫无帮助，而且在你揭他人伤疤的时候，除了被批评者会感到心寒之外，旁观的人听了也会不舒服。

伤疤人人都有，只是大小、深浅不一，旁观者见到被批评者的惨状，只要不是幸灾乐祸的人，都会有“下一个就轮到我”的感觉。而且，你乱揭他人伤疤，只会让他的颜面丧失殆尽，根本就无法达到你最初的批评目的。恰当的批评语言，是一个人心胸和修养的直接表现，批评者决不能以审判者自居，恶语相向，不分轻重。

当然，你也可以直接告诉对方你的要求，但是千万不要说：“你这样做根本不对！”“这样做绝对不行。”你可以试着说：“我希望你能……”“我认为你会做得更好。”“这样做好像没有真正地发挥你的水平。”用提醒的口吻与他说更好，私下再与他交换意见，委婉地表达自己的想法，跟他讲道理、分析利弊，他就会心悦诚服，接受你的批评和帮助。

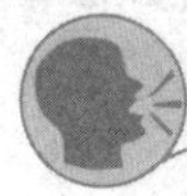

对话自己

每个人的自尊心都是很强的，如果我们在公开场合点名批评犯错的人，就会让对方感觉没面子，“威信扫地”，甚至对批评者怀恨在心，有的干脆“破罐子破摔”。所以，我们在对人进行批评时，要采取委婉的批评方式，这样不会伤害对方的自尊心，更容易让人接受。

甜言蜜语，爱要大声说出来

女人似水，她用自己的柔情温暖着男人，滋润着男人的心田。女人

的话语，如蜜露般甘甜，让男人感受着恋爱的甜蜜，婚姻生活的温馨。然而，婚恋中的女人受不得一点委屈，心里稍有不顺，眼泪就会如泉水般涌出。男人最害怕女人的泪水，此时的男人，会束手无策，聪明的男人，不会让自己心爱的女人流泪。那些让女人流泪的男人，不会感受到女人的甜言蜜语，他的婚恋生活也会变得悲苦。为了婚恋的幸福，女人要让男人感受生活的温馨，用自己的甜言蜜语去抚慰男人的心灵，让他感受到柔情蜜意。

男人不易读懂，在女人看来，男人深藏不露，需要女人花心思去猜测，去了解。好女人，会有耐心地去品味男人，看到男人的坚强和脆弱，她会用自己的柔情去感化男人，用自己的蜜语去温暖男人，和男人一起，共同营造甜美的生活。

晓丽和张雨成婚后，两个人配合得很默契，生活过得很美满。但是没过多长时间，晓丽就发现，张雨回家的日子越来越少，即使回家，停留的时间也是越来越短，晓丽和他说话，他也是充耳不闻。两个人的生活逐渐变得平淡，家里再也没有了以前的欢声笑语，一切似乎沉寂下来，空气似乎都有些紧张。

晓丽心里也很烦恼，和张雨说话也是粗声大气，家里变得一团糟。张雨回到家里，少言寡语。晓丽搞不清楚张雨的心思，自己也是闷闷不乐。为了搞明白张雨的心思，这天，她把家里收拾得干干净净，重新布置一新，等候张雨回来。张雨下班回到家之后，感觉耳目一新，话语也多起来。通过张雨的话语，晓丽明白了张雨在工作上遇到了难题。于是，晓丽好言相劝，一番甜言蜜语，使张雨紧张的心情得到缓解。

重新感受到了晓丽的温柔体贴，张雨心里感受到了无限的柔情蜜意，工作上的辛苦也变成了一种乐趣。在闲暇时，张雨又带着晓丽一块出外旅游，感受自然的美好，他们的生活又充满了快乐。

女人的蜜语甜言，可以使男人感到生活的甜蜜，生活的美好。对男人说话难听，声音粗劣的女人，会伤害男人的自尊，让男人感到劳累。男人原本已经负有太多的责任，如果女人不懂得呵护男人，只会给男人增加负担，让男人对婚恋生活充满失望。事例中的晓丽，用自己甜蜜的话语化解了张雨的劳累，使张雨重新感受到了柔情蜜意，二人也重归于好。

婚恋中的女人，要理解男人的心思，用自己的甜言蜜语去感化男人，尽心呵护男人，让他感受到自己对他的柔情蜜意，如此，男人的心思就会变得缜密，就会对女人多一分疼爱。感受到柔情蜜意的男人，才会对女人有更多的爱意，在事业和生活中才会有积极向上的动力。做一个水一样的女人，用自己的柔情去化解男人的愁苦，让男人在为了家庭、为了事业拼搏的时候，感受到爱人的柔情蜜意，如此，婚恋中的女人和男人将会幸福如潮。

在婚恋中不懂得男人的心思，对男人说话粗鲁无礼的女人，对于男人来说，无异于一种折磨，这会让男人处处感到不顺心，不如意，他们的婚恋生活也不会维持得长久。懂得男人心思的女人，说话和气，温婉动听，她的甜言蜜意会使男人感到舒服。

因此，女人要读懂男人的心思，用自己的甜言蜜语去感化男人，即使是心如磐石的男人，也会感受到女人的柔情蜜意，被女人的真情实意所感动，放下自己的尊严，露出自己脆弱的一面，在女人的甜言蜜语中与女人融为一体。婚恋中，女人的甜言蜜语就如调和剂，在生活变得黯淡无光，百味俱失的时候，为生活添色添香，让男人领略到生活的多姿多彩，感受到自己的柔情蜜意。

感受到柔情蜜意的男人，会更加珍惜女人，爱惜女人。若在婚恋中听到的只是女人的埋怨、唠叨，男人会因此变得厌烦，会对女人不理不睬，两人的生活也会因此失去光彩。

对话自己

男人对女人肩负着沉重的责任，如果女人说话尖刻嘲讽，抱怨不已，就会为男人增加负担，让男人感觉更累。女人懂得用自己的甜言蜜语化解男人的劳累，分担男人的忧愁，让男人感受到柔情蜜意，男人就会对女人百般珍爱。

求人办事，礼到人情到

生活中，有的人抱着“有事有人，无事无人”的心态，总觉得人际交往中平时不用送什么礼物，只需要等到求人办事时才送礼。然而，等到那时，虽然送了对方一份大礼，办事的效果却并不理想，这是为什么呢？我们常说，人情需要常投资，一回生，二回熟，彼此之间多见几次面，自然就变成了无话不说的好朋友。其实，送礼也是一样的道理，平时多送几回，彼此之间关系变得密切了，求人办事自然就容易了，而且，平时多送“小礼”，办事时便无须什么“大礼”。

在单位里，小辉是出了名的“葛朗台”。为什么他会有这样一个绰号呢？原来，小辉在平日生活中是一个一毛不拔的人，小到一只铅笔，他也不会送人。同事纷纷指责他：“小辉，想要得到你的礼物，可是难上加难了。”对同事这样，还情有可原，毕竟同事对自己没特别大的价值，但是，小辉对上司也是同样的态度。

在公司里，有一个不成文的规定，每每逢年过节，员工都会给上司送礼，大家不约而同一起去送，唯独小辉不参加这样的活动。他不屑地表示：“这分明是打着幌子受贿嘛，我又没什么特别的事情，我可没那闲钱和工夫。”就这样，小辉每次都不去，直到现在，上司对小辉这个人还是没什么印象。

前不久，公司人事变动，在公司工作了几年的小辉觉得自己的机会来了。他想谋取一个好的职位，而这必须得让上司“支持支持”，当然，小辉明白其中的秘密——自己必须给上司送份“大礼”才行啊！于是，小辉到商场买了一份大礼，就去拜访上司了，不料，正巧这天上司有事外出，不在家里，小辉坐了一会儿，就向上司的夫人告辞离开了。

最后，人事变动结果出来了，其他的同事都相应调整了，唯独小辉还是原职。小辉很不服气，自己明明给上司送礼了，怎么就不给自己升职呢？喝酒时，小辉向朋友吐露了心中的苦水，朋友笑着说："小辉，不是我说你，不仅要在关键时刻送礼，平时也需要送礼啊，这样上司对你才有印象。你这样送去，估计上司都不知道那礼是谁送的，你这是'平时不烧香，临时抱佛脚'，所以，事情自然办不好了。"

如果小辉像其他同事一样，平日里多送小礼，等到真正需要办事的时候，即使没送大礼，事情也绝对能办好，这才是送礼的诀窍。小礼物能起到积累人情的作用，一次次送礼，一次次见面，这样会使本来陌生的两个人变得亲密无间。有了这层关系，到办事时即使没有什么礼物，对方也不会袖手旁观。这样一来，办事就一定能成功。

小杨从南方嫁到北方，人生地不熟的，无意之间，认识了好朋友小曼，两人成为了无话不说的朋友。小曼认了小杨为姐姐，希望小杨能在陌生的环境里帮助她。小杨是典型的家庭主妇，不过，老公做汽车运输生意，家里很富裕，小曼是一名小职员，而且是典型的是月光族。

不过，在平时的接触中，小曼特别喜欢买一些小东西送给姐姐，比如帆布鞋、发卡、手链等，另外，还会给小杨的孩子买些东西，什么面包啊、文具啊。小杨常常在家里念叨："小曼又买了些小吃，这丫头，心里可常记得我"，"这是小曼给我买的鞋子，挺好看的，下次出门就穿它了"。而且，她常常向旁边的人说："小曼常常给我买小礼物，说起来，我好像还没给她买过什么呢！"

有一次，小曼老公做生意赔了一大笔钱，小曼拿出了家里所有的积蓄，还是差几万块。小曼也不知道该怎么办了，这时，小杨来了，她从包里掏出一个纸包，说："这是我给你准备的，你先拿去应急，如果不够，再给我说，我给你想办法。"小曼一把抱住这位姐姐，感激地说："姐姐，你对我这样好，我该怎么报答你啊！"小杨笑着说："我们两个人还说这些，平时你送我那么多东西，我就是想找个机会好好帮你，现在机会终于来了，就让我帮你吧。"

在关键时刻，小曼的小礼物起到了大作用。俗话说：“礼轻情意重。”在平时的生活中，我们要善于以小礼物打动人心，不断积累人情，到了自己需要帮助的时候，那些人情会源源不断地回来，帮助解决所有的难题。平日多用“小礼”，办事时就无需“大礼”，这样办事才更容易成功。

说起来，这也是一个送礼的技巧，如果你平日里三天两头送些小礼物，对方会心存感激，把你记在心里，对你印象加深，当你需要帮助的时候，他一定会义不容辞地伸出援助之手。相反，如果你是属于那种“无事不登三宝殿”的人，平日一毛不拔，到了关键时刻送份大礼，那么这样的送礼也不会起到好的作用。而且，若是碰到许多人一起送礼，估计对方连你姓什么都想不起来，你的事情也就毫无着落了。所以，我们在求人办事送礼时，需要记住：平日多用小礼，求人办事时就不用大礼，这是因为小礼积累大人情。

谁说送礼一定要贵重的礼物？其实，在日常交际中，还是平时的小恩小惠最容易收买人心，这既不会让人觉得你是在用礼物去收买他，他也会很享受经常被人挂在心头的感觉。假如我们平时经常出差或逛街，那不妨在为自己挑选礼物的同时也给身边的人挑几样不错的东西，如果你还怀疑这种方法的有效性，那就仔细观察对方在收到你送的礼物时开心的表情吧！

面子其实没有那么重要

古代人常说“颜面扫地”，意指一个人丢了面子，而现代人更是提出了“人活一张脸，树活一张皮”的惊人言论。古往今来，面子似乎都是一种国民性的东西，其实，爱面子更是一种人的天性。爱面子之心，人皆有之，每个人活在这个世界上，都渴望能够得到别人的尊重，都希望自己在别人面前能有面子。当夏娃和亚当偷吃了禁果后，他们有了羞耻心，于是开始为自己穿上衣服，像这样的羞耻心在某种程度上也可以说是一种爱面子。这样一种面子思想根深蒂固地根植在人们的心里，不可动摇。

因此，人与人之间的相处，就逐渐沦为一种争面子的交际游戏，谁面子有光谁就是交际中的佼佼者。当然，争取自己的面子，必然要建立在驳了别人的面子的基础之上。

当你在尽情地表现自己的时候，为自己争得了面子，却抢占了别人的表现机会，这样一种太过功利性的心理会影响到自己的交际效果。实际上，即便是丢了面子，也千万不要觉得不好意思，何妨给对方一个表现的机会呢？

诗人海涅是一位犹太人，有一次，他遇到了一个商人，那个商人对他说："我最近去了塔希提岛，你知道在岛上最能引起我注意的是什么吗？"海涅说："你说吧，是什么？"商人说："在那个岛上呀，既没有犹太人，也没有驴子！"海提回答说："那好办，要是我们一起去塔希提岛，就可以弥补这个缺陷了。"听了这句话，商人窘迫地红了脸，不知所措。

在最开始交谈的时候，商人就没有给诗人海涅面子，而是不怀好意地把"犹太人"与"驴子"相提并论，这显然是暗骂犹太人与驴子一样，都没有能力到达那个岛屿。这些话自然伤害到了诗人海涅的自尊心，然而，面对他人的恶意中伤，海涅并没觉得不好意思，而是微笑着回答他，把商人说成了驴子，以挽回自己的面子与自尊。

人与人在进行人际交往的时候，难免会因为自私而竭力维护自己的面子，充分展现自己的才华与能力，这时候，他们往往忽视了身边的朋友。当你表现得越优秀，他们的脸色就越难堪，这无疑是当场不给对方面子。所以，谦虚地把自己隐藏起来，给朋友一个展现自我的机会，即使丢了面子又有什么关系呢？朋友表现得越出色，你也就越有面子，同时你也能赢得朋友的好感，这又何乐而不为呢？

春节前夕，公司员工在酒楼聚餐，各个领导阶层、各层员工都到了。

小李和小王是一对好朋友，也同属于一个部门，所以，他们两个挨着坐下来，很快就与身边的同事聊得热火朝天。小李性格比较活泼，平时也喜欢吹牛，他在同事们的起哄下说起了平日追女孩的趣事，逗得大家哈哈大笑。而小王天性比较内向，看着小李那么受欢迎，隔壁那桌的女同事还直盯着小李看，小王心里就有点失衡了。他一个人摆弄着那些桌上的餐具，偶尔被身边的同事挤到了，还露出不悦之色，同事见状连忙把身子往小李那边移了移，这样一来小王显得更孤寂了。

于是，他故意将桌上的每一件餐具都往朋友小李那边移动，结果本来谈话兴趣非常浓厚的小李开始变得心神不定，不时地向小王看看。这时候，小王一不小心就把一杯刚倒好的茶水打翻了，正好倒在了小李的身上，小李不悦地对小王说："你在干嘛？"说完，小李去卫生间整理衣服，出来之后，他就坐到了另外一个位置，也不再搭理小王了。

当小王故意把桌子上的餐具往小李位置那边移动时，让正在聊天的小李感到某种压力，那就是自己的精神领地受到了侵犯，感觉作为朋友的小王并没有给自己面子，因而他变得不愉快。事实上，我们每个人都有自己的一块精神领域，一旦跨过了这一界限，就会认为对方在侵犯和不尊重自己。所以，当我们与朋友相处的时候，应尽可能地给对方一个表现的机会，给足对方面子，至于自己有没有丢了面子，实在没必要去深究。

每个人都是有自尊心的，无论是大人还是小孩子，无论是男人还是女人，无论地位高低，无论财富多寡，内心那强烈的自尊心往往都体现为讲究面子。心理学上认为，自尊是每个人的精神需要，也是一个人的人格体现。当人们为了自己的自尊去作各种表现的时候，这并不是一种错误，而是理所当然的行为。虽然，有时候人们为了自尊心，为了赢得面子，或多或少都会伤及他人的自尊心，但那并不是人们愿意这样去做的，而是天性所驱使的。

美国哲学家约翰·杜威说："人性深处最渴望的是一种'自重感'。"人们最强烈的精神需求就体现为自尊、尊重、面子。我们可以把"人人都爱面子"理解为这是他们维护自尊，渴望受到别人尊重的需要，而这样的一种心理需要也体现在人与人之间的交往过程中。如果你想与他人建立融洽的人际关系，不妨丢开自己的面子，学会如何去维护好对方的面子。

对话自己

在生活中，许多人为了满足虚荣心，不惜一切代价地争面子，却不知这是在给自己带上假面具，套上枷锁，会让自己活得很不真实，也让自己觉得累。面子固然重要，但是我们完全没必要为了没意义的面子让自己受苦遭罪，顺其自然才是最可贵的。对于我们而言，面子这个东西不能全丢也不能看得太重，需要具体情况来处理面子这个问题，什么事情都不顾可能会众叛亲离。

别因为面子而丢了里子

俗话说："人争一口气，佛争一炷香。"在中国人的眼里，面子这个东西是非常重要的，它总是与一个人的人格、自尊、荣誉、威信、影响、体面等联系在一起。如果一个人的面子受到损害，他就会下不来台，就会生气。因为爱面子，也怕丢面子，所以有些人总是千方百计地维护自己的面子，而正是在这一过程当中，他们失去了许多更有价值的东西。

"死要面子活受罪"说的就是这种事情。那些死要面子的人，真正到了自己的正当利益受到损害或面临威胁时，有的人却害怕丢面子，不敢站出来据理力争，最后只能看着本来属于自己的那份利益被他人拿走，可谓是哑巴吃黄连——有苦说不出。

惠心禅师做小沙弥时，皇帝赏赐不少，惠心托人送给母亲，以表孝心。不久，母亲写信来说："你给我的东西，是皇上的赏赐，我当然十分喜欢。但我当初送你学道为僧，是希望你做一个有修有证的禅人，并不希

望你一生都在名利场中生活。如果只好世间的虚荣，就违背了我的心愿。希望你记住什么叫作‘真参实学’。

惠心沙弥收到这封信后，从此立志要做一个真正弘法度众的宗教家，效法《华严经》中的提示，“但愿众生得离苦，不为自己求安乐”，而不再汲汲于名利上的追求。

面子是表面的，并没有什么实际的内容，死要面子就是虚荣心的表现。在对待面子的这个问题上，我们一定要学会放下，既不能不要面子，也不能死要面子，让自己活受罪。否则，自认为要了面子，而其实往往是丢了面子；丢了面子还算是小事情，若是让自己白白吃了哑巴亏，那就太不划算了。

有个书生家里很穷，却很爱面子。一天晚上，小偷来到他家中，搜寻之后，没有发现值得一偷的东西，便跺脚叹道：“晦气，我算碰到了真正的穷鬼！”书生听了，赶紧从床头摸出仅有的几文钱，塞给小偷，说：“您来得不巧，请您就把这点钱带上。但在他人面前，希望您不要张扬，给我留点面子啊！”

这个书生就是一个爱慕虚荣的人，其实这样的人在生活中很多，都是因为自己的虚荣心在作怪。不论处在人生的哪个阶段，无论处于怎样的境地，我们都要警惕自己的虚荣心。有时候，与其装出一副自己都对、得意扬扬的样子，还不如做错事情的时候勇敢承认。

齐国有一个人，娶了两个老婆。这个齐国人很爱面子，经常在妻子面前炫耀自己在外面跟大人物来往。他常常喝得醉醺醺地回家。大老婆问他：“你跟什么人喝酒？”他得意扬扬地回答：“都是些有钱有势的大官人！”

大老婆便告诉小老婆，说：“丈夫外出，总是饭饱酒醉而后回来；问他同一些什么人吃喝，他说全都是一些有钱有势的，但是，我从来没有见过什么显贵人物到我们家来，我准备偷偷地跟踪他，看他究竟到了些什么地方。”

第二天清早起来，大老婆便偷偷跟随在丈夫后面，走了很久，几乎走遍了全城，也没发现有什么显贵的人物站住同她丈夫说话。最后，来到了东郊外的墓地，她看见丈夫走向一些祭扫坟墓的人，讨些残菜剩饭；此处不够，又东张西望地跑到别处去乞讨。他吃饱喝醉的办法终于真相大白。

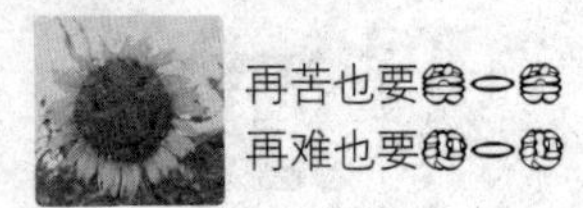

大老婆回到家里，便把情况告诉小老婆，悲痛地说：“丈夫是我们仰望且终身倚靠的人，现在他竟然这样欺骗我们，我们还有什么指望呢！”两人便在家里一起哭起来，咒骂着自己的丈夫。但丈夫还不知道，高高兴兴地从外面回来，又向他两个女人又摆起威风来了。

或许有人说，男子汉大丈夫，怎么可以不要面子呢？那么到底是什么是面子呢？难道大丈夫的面子就是在妻儿面前发号施令、颐指气使的样子？难道大丈夫的风度就是当众喝酒赌博、狂言乱语的样子？俗话说得好：“大丈夫能屈能伸。”假如大丈夫连一点小事都觉得丢了面子，那他还算是一个大丈夫吗？

在生活中，有的人原本很穷，却死要面子，勒紧裤腰带，与人比阔。有的人，为死要面子，四处吹嘘自己怎么怎么“有能耐”“能办事”，无限夸大自己所谓的“后台”是如何如何“硬”。也有的人明明意外成功，明明很高兴，却死要面子，假装深沉，装作没事一样。其实，这种事情是可以把自己逼疯的。对于那些爱面子的人，他们总是采取一种务虚而不务实的态度，把面子放在绝对不可动摇的位置，自动承受由此带来的利益上的巨大损失。

面子是表面的，是虚浮的，要面子就是虚荣心的表现；里子是深层的，是实实在在的。面子华而不实，里子却是表里如一。里子真实的人，可能没有外表的美，却有内在的美，最终会得到人们的理解和尊重。一个人假如没有灵魂，那么这个躯壳还有什么用？

第15章 别习惯付出，至少别忘了自己

生活中常有这样的人，对身边人付出很多，结果所得到的怨言也一样多。若付出成为习惯，对自己对他人，都没有什么好处。人生不如意，不妨学会善待自己，在向他人付出的同时，别忘了自己。

别让付出成为一种习惯

在生活中，总有一些人默默工作，无私奉献，但这样的人往往不吃香，付出最多，而得到的怨言也最多。他为朋友两肋插刀，有求必应，偶尔有一次无法满足朋友的要求，便会落下不好的名声；恋爱中，视对方为生命，无限付出，可对方觉得天经地义，接受得心安理得。因为你总是习惯付出，接受便成了别人的习惯，而你的付出便成了天然的义务，你不再付出便会惹来骂名。职场中，努力工作本来是立身之本，不过在自己付出的同时，合理的报酬、奖励、升级、晋职也是应该得到的，付出需要回报，不要当埋头工作的傻瓜，理应属于自己的功劳也要去争取。

小瑶是一位善良的女孩子，她热爱帮助朋友，每当朋友提出什么要求，她总是尽自己最大的努力去帮助对方，从来不拒绝，也不会有什么怨言。所以，朋友有事情，定会马上向她求助，她渐渐成为朋友的拐杖。

有一次，小瑶还在公司上班，朋友打电话来，说自己忘记及时还信用卡了，现在还有一个小时了，但手中没这么多钱，希望小瑶能够帮助自己。小瑶二话不说，挂了电话就请假出去，急匆匆赶到银行帮朋友还信用卡。尽管，后来朋友再三表示了感谢，但小瑶还是被老板说了几句。小瑶天真地想：为了朋友，付出点没什么。

渐渐地，朋友养成了习惯：失恋了，在电话里哭着向小瑶求救，于是，小瑶马上出去，随叫随到，不管是烈日炎炎，还是凌晨三点；工作不顺心了，一个电话打过来，一倾诉就是半个小时，小瑶总是耐心地听着，哪怕自己还在撰写文案；需要借钱了，朋友总是第一个打电话向小瑶求

救，希望她能帮助自己渡过难关，这时小瑶会将自己身上所有的积蓄都借给朋友。

但是，小瑶有时候也会不开心：自己跟男朋友吵架的时候，打电话给朋友想诉诉苦，但朋友说“我在外面逛街呢，一会儿再说吧”；自己工作不顺心，希望能跟朋友聚聚的时候，朋友总是说“不好意思，我没时间”；自己经济紧张的时候，还没来得及向朋友开口，朋友就说“我最近手头比较紧”……

到头来，这段友情不过是小瑶自编自演的“深情”，因为习惯了付出，所以她总是无法拒绝朋友的请求，一次次心软，为难了自己只为满足朋友。

为朋友两肋插刀是应该的，不过要看我们面对是什么样的朋友。有些所谓的朋友喜欢占便宜，往往会利用我们的善良、心软，一次次把他的要求强加给我们。尽管我们在很多时候很无奈，但碍于面子还是会一次次满足对方的要求。事实上，一味地索求就是变相勒索，由于我们付出成为习惯，因此朋友同事都愿意找我们帮忙；找我们的人多了，就会成为自己的负担，常常令我们不堪其扰。一旦出现这种情况，我们就应该反思自己是不是人太好了，是不是付出已成为一种习惯。一切的付出应该适可而止，对朋友也是如此。

初入职场，露露谨记母亲的教诲。领导布置的任务，她即使是加班加点，也总会按时完成。和领导打交道的时候，她总是小心翼翼，生怕说错一句话，做错一个动作，让领导不开心。与领导同行时，都让领导走前面，双手给领导递东西……有两次在会议室开会，露露看到领导端着茶杯，就主动提出去加点水。在场的两个女同事一边笑，一边开玩笑说露露“很懂事”。

同事们需要什么帮助，露露即使很为难，也从不说“不”。在公司里，和露露分担工作的是苏姐，比露露先来公司两年多，露露礼貌地称她“苏姐”。露露入职一个月左右时，领导吩咐苏姐加班，但苏姐私下求助露露，说家里有事，希望她帮忙顶一下。“我当时想都没想就答应了。”

露露为此推掉了和姐妹的饭局，当晚在公司加班到9点多才回家。之后，苏姐只要遇到不想干的事情，都会直接甩给露露。露露很生气，虽然心里不愿意，但面对同事的要求，她还是挤出了笑容。

露露觉得自己一到办公室，就变成了一个没有主见的人。然而，即使心里很窝火，她也一直都说服自己，吃点亏至少换来了同事的好印象。可是上个月，露露无意中得知，这个苏姐和另外两个女同事在背后议论她，说她假惺惺，喜欢拍马屁。

如今，露露已经一个星期没去上班了，她觉得很委屈，自己对人客气居然被大家误解，她不知道该怎么与同事相处，干脆把自己一个人锁在屋里。

当付出成为习惯，对自己对他人，都没有好处。在家庭中习惯付出，最终使亲情受损；在公司只付出不索取，最后影响自己的薪资、前程；友情中不讲原则地付出，最终影响两人之间的情谊；爱情中一味地付出，最后未必换来对方的真心，甚至落个难堪的下场。

过分付出是一种病，有的人之所以这样，是源于对自己的能力不够自信。例如露露，当她对自己的能力产生怀疑的时候，她就会通过领导和同事的赞誉来获得成就感和安全感。同时，因为内心自卑，她不敢在公司说出自己的看法，永远都跟随着众人的意见。

许多刚刚入职的新人，他们在刚刚开始工作时都会丧失自信，觉得公司不需要自己，领导同事也不认可自己。这时新人可以尝试着与同事交流，让对方评价自己的工作情况，然后据此改善不足，找回自信。

我们要真诚地在做自己和尊重他人之间找到平衡点，不要过于迎合他人。毕竟，每个人的成长背景、生活习惯都不同，有不同的想法和观点也是很正常的。人与人之间，也不会因为一个观点的不同就闹不和。

难道拒绝对方就是犯错吗？不管是在工作还是生活中，都不要过于要求自己做一个完美的人，有时候说错话、做错事是很正常的，拒绝对方也

是自己应有的权利，只要能在这个过程中不断成长就好。

不会拒绝，所以一直“被付出”

心理学家说：“不懂拒绝，憋屈自己；拒绝别人，特别过瘾。”所以，我们要学会拒绝他人，这样才能减少人生中不必要的麻烦。如果不懂得拒绝，总会不自觉地进入有求必应的“老好人模式”：把他人的需求摆在第一位，无怨无悔地满足对方的要求，甚至常常耽误自己的事情，花掉一些不必要的钱和时间；如果不懂得拒绝，总是让别人做主，总习惯听他人的意见、命令或服从于他们的意图，自己的内心却常常痛苦不堪，非常不愿意这样；如果不懂得拒绝，就会不停地陷入烦躁的心情，抑或麻痹自己，甚至会担忧：难道自己一辈子都要这样痛苦地过吗?

同事问小露：“晚上我们要去吃火锅，要不要一块儿去？”其实她本来想晚上加班，赶一份明天要交的方案，不过又不好意思拒绝同事的邀请，她想了想，最后有些勉强地说：“好吧。”下了班，她和几个同事先去吃饭，之后，大家又提议去KTV，她很不想去，但又说不出“不”字，于是又跟着去。

一晃眼已经是晚上十点，大家又继续，转而去大排档吃宵夜，一直到半夜两三点才回家。这时小露早已经是筋疲力尽，根本没有力气赶写方案。于是，第二天一早她对着老板却交不出成品，老板的脸色真是难看到了极点，小露心中真恨自己，懊悔不已：“为什么我就是不会说‘不’？”

小露在工作和生活中，都不懂得拒绝别人。即使她心里面喊着“不行，不行”，可还是会答应，所以她经常做着自己不愿意做的事情。小露曾经试图与周围的人沟通，却又总害怕别人听了会不高兴。每天早上醒来，小露的心情都很沉重，不知道自己应该怎么办，无法回避这样的生活。慢慢地，小露开始出现失眠、脱发、心动过速等症状。

某大学曾经作过一项深入的调查，在这份对1000余人追踪了3年的调查

中发现：假如一个人学会合理地拒绝，就可以减少98%以上的麻烦，更可以减少大量的个人财富浪费。

相反，假如一个人不懂得拒绝，或没有掌握拒绝的技巧，那他就会背负上“老好人”“可随便差使的人”“从不懂得拒绝的人”的称号。这样的个性，不管是在职场、社会还是家庭，都会令他浪费大量的时间，吃尽各种苦头。

同时，通过调查表明，那些不懂得拒绝的人，由于没有拒绝对方的要求，所以他的大量时间和财富将不停地被他人随意挪用，导致自己的事情根本无法继续进行，自己的工作和生活也会崩溃，而心理则会陷入痛苦不堪的状态。随着自己工作、生活中的各种崩溃不停地叠加，当叠加到一定的程度时，他会陷入万劫不复的状态之中……

在生活中，每个人都想被关注，成为舞台上的主角，实现自己的梦想，体现自己的人生价值。不过，我们经常看到的却是镜子里自己失败的沮丧表情，因为缺乏意志力，所以导致了彻底的失败。所以，现在开始重新审视自己的人生吧！战胜自己的“自尊”，与过去的自我对抗，懂得说出自己的想法，学会拒绝不合理的要求，让自己变得开朗、外向、积极起来。

因为不懂拒绝，所以会过多地在他人面前展露自己的内心世界，过分地渴望他人了解自己，过度地依赖对方，希望对方在本来该自己作出决定的方面代替自己作出决定。或是因为过多地想了解别人的内心世界，便于获得与别人融为一体的感觉，希望别人依赖自己，希望参与别人的决定等。

为了取悦对方，表现得非常勤恳，以为为他们分担压力就可以快速得到支持，赢得一个立足之地。这样的想法是不错的，所以不懂拒绝的老好人总是这样做。不过，他们往往忽视了人性中自私的一面：对方会习惯于他们的付出，也习惯于“他从来不会拒绝别人的要求”这个事实。当有一天他们不愿意这样做的时候，会发现自己马上不受欢迎了。

于是，身边的事情多得做不完，自己就好像一头不停拉磨的驴子，完全没办法停下来，因为不懂拒绝，内心非常痛苦，身体也累垮了，却有苦说不出，只能自己消化。由于担心自己的拒绝或强硬会让朋友难过，怕伤

害到对方的情绪，所以不得不牺牲自己，委屈自己。

不懂拒绝的人不作出拒绝的决定，完全是源于内心的不安和内疚，而不是理性的分析。在日常生活中，他尽量表现得很顺从，不拒绝，不反抗，是因为担心对方发愤怒，或担心伤害对方的感情。所以，他只有一种选择：委曲求全，一直付出。

人情束缚，当心被朋友“杀熟”

何为“杀熟”？我们经常所说的“杀熟”就是绞尽脑汁、不择手段地专赚、专骗熟人钱物，损熟人而利己。换句话说，就是利用朋友、熟人之间的相互信任，采用不正当手段赚取熟人、朋友的钱财。“杀熟”这样的行为大大地冲击了社会伦理规范底线，动摇并瓦解了人们的信任关系，使社会信任陷入危机。有时候，恰恰是我们身边最亲密的朋友，反倒伤害我们最深。所以，我们在与朋友进行交往时，要善于观察对方的言行举止，小心被爱“杀熟”的朋友宰。

老王是一位退休干部，整日在家里弄一些花花草草，日子倒也很清闲。可是，前不久，大家偶然听说老王被骗了20几万元，那几乎是老王家里所有的积蓄，这可把老王急上了火，儿子女儿也都回来了，安慰老王：“钱没了可以再赚，只要你健健康康就好。”

儿子女儿们在追问之下才知道事情的来龙去脉，原来年前老王老家的兄弟给老王介绍了一个朋友，说那位朋友是在一个投资公司上班，如果能够借一笔钱给他投资，他一定会连本带利地归还，并且许诺给老王高于银行的利息。善良单纯的老王凭着对自家兄弟的信任，而且对方又是亲戚的朋友，就答应了下来，当即借出了5万元。此后，那人又频频增加借贷金额，短短两个月就从老王那里借走了20万元，这时候老王才发现了事情不对劲，赶忙报警了。

可是，由于借款人为老王出具了正规的借条，并且他所提供的身份证明也是真实的，所以在法律上并不构成诈骗。后来，老王的儿女们辗转了好几个地方分别报案，直到后来借款人另外的债主把他告上了法庭，那个因赌博把巨款挥霍一空的人才被绳之以法。但又有什么用呢？他因赌博而把所有财产都搭进去了，老王的钱是要不回来了。老王听闻钱都要不回来的时候，伤心得昏了过去。

据统计，所有的犯罪案例中60%是“杀熟”，也就是熟人所为。在现实生活中，绝大多数人都会对自己身边的熟人、朋友过分地相信。

如果你对某位朋友有所怀疑，千万不要因为怕破坏彼此的关系而闭口不言。一旦对方的言行举止中有你所怀疑的一部分，不管你们之间的关系有多密切，都要直言不讳地讲出自己的担心。如果你的朋友真有欺骗你的嫌疑，你这样说出来，就会对他有一定的震慑作用，让他明白你不是好骗的，让他趁早打消这个念头。

喜欢交朋友的张女士最近频频诉苦：“以前的一个朋友突然找我，向我推销保险，我不想买，但碍于情面又不好拒绝，实在有点烦。”像张女士一样遇到熟人推销保险的情况确实很多，因为很多保险业务员都是从熟人开始做起的。

“杀熟”之所以能够得逞，根本上利用的就是熟人、朋友之间的一种信任关系。因此，在很多时候，我们并不能因为对朋友的信任，就相信他所说的一切，并愿意为其提供帮助。其实，正因为对朋友有所信任，所以你更应该清楚地判断事情的性质，小心提防那些“杀熟”的朋友。

有时候，对方向你借了大笔钱财后闭口不提还款事宜，这时候，你就不要怕啰唆，对他进行反复提醒。当然，如果朋友真的是有难处，并且给你说了具体的还钱日期，那就不用自己去反复提醒对方还钱。对于那种不怎么信守承诺，并且一次一次拖延还钱日期的人，你就要时时提醒对方，不要因为自己难以启齿而最终当了“冤大头”。

有的朋友想法设法地欺骗你，当你有所警觉没有上当之后，对方还是不放弃，油腔滑调地反复说服你，“你真不够意思，这点小忙都不帮”，或者“你真是忘恩负义，亏我拿你当朋友”。那么，这样的人根本就不值得你继续交往下去，不如撕破脸皮，反而更有利于使自己摆脱困境。

你可以让推销保险的朋友把话说完，这是他们的工作，尊重他们，给他们一个推销保险的机会。然后你说：“我是觉得很不错，不过我还是要回去问一下我老公，保险都是他在管，我必须经过他的同意。”假如朋友过了几天，不死心地追问，你可以直接婉拒说：“我老公觉得这个保险很好，但是我们目前不需要。”

中国人毕竟讲究“情面”，所以当亲朋好友说“拜托，就差你这单业务了，假如没有做到就没办法达成业绩”时，很多人都会因此招架不住，这时你可以直截了当说：“暂时不考虑，有投资打算，自己正想向朋友借点钱作投资呢！”

其实，“杀熟”之所以能够轻而易举地得手，除了对方的无耻之外，受害人过于相信熟人也是一个重要的因素。有的人在反复上当之后依然执迷不悟，更可悲的是，有的人自己被人宰了，还对其感激不尽，可以说完全是“自己被卖了还帮着别人数钱”的愚蠢行为。面对与我们有着亲密关系的朋友，我们更应该清楚地了解对方的为人处事，以免自己不小心上当受骗。

做分内事，别花太多心思取悦同事

在职场生活中，我们有时候身不由己，经常会遇到同事请求自己帮忙做一些事情的情况。假如你从来都比较热情，或者不好意思拒绝同事，那时间久了，同事所提的请求将越来越不合理，你则可能会陷入越帮越忙的难堪境地。通常情况下，对同事的不合理请求来者不拒，即便是牺牲自己的工作也在所不惜的人，内心都是比较脆弱的老好人，他们在拒绝别人方面存在着心理障碍。他们担心伤害别人的面子，不好意思拒绝，只能自己硬着头皮上。

同时，他们觉得自己无原则地帮助别人这种行为是可以体现自己价值的。但是，他们往往忽视了一点：自己的时间和精力都是有限的，在职场中，只有尽全力将自己的分内工作做好，才能够真正体现自我价值。

露露曾经在一家文化传媒公司做文员，平时自己的工作就比较繁杂，她还经常帮同事做事。每当同事提出需要帮忙时，露露总是来者不拒，即便放下自己手头的工作，她也先帮别人把事情做好。尽管她自己累点，但总算赢得了同事的喜爱。

后来，行政部准备提拔一位经理，在公司工作多年的露露觉得自己应该很有机会，毕竟过去自己长时间为同事服务，在公司真的是“鞠躬尽瘁，死而后已”，如果不能如愿被提拔，那真是对自己不公平。没想到，最后是一位平时只做自己工作但从来不愿意帮别人的同事晋升了。露露百思不得其解，她跑去问人事部主任，主任当即说：“管理层在讨论晋升人选的时候，确实考虑过你。不过，大家都说虽然你很喜欢帮同事，但自己的分内工作并不十分出彩，没有让大家看到你在工作技能和管理能力上的提升，同时也担心你这样不懂得拒绝别人的请求，喜欢做老好人，可能在管理岗位上疲于应付，不能坚持自己的原则，所以……”

这件事之后，露露得到了很大的教训，她终于明白了：职场如战场，是需要拿出自己的真本事，拿出自己的工作业绩的。只有努力开拓出属于自己的一片职业新天地，用心耕耘，拥有创新精神，才能得到领导的认可。如果自己仅仅是一个老好人，是完全没办法体现自己价值的。

许多职场中人都有跟露露一样的经历，越帮越忙不说，还越帮越不开心。同事的事情倒是解决了，自己的工作却耽误了。甚至，有时候给同事做了半天的事情，末了还讨不到个好，连句“谢谢”都不曾听到，好像自

己帮他做事情是应该的，要帮就必须帮好，否则自己就不够义气。所谓的老好人，自己内心的苦闷又该向谁诉说呢?

快下班的小王接到了同事小张的电话，他很着急地请求小王再帮他一下，写个新方案给客户，他说客户已经催了他好几次了，而他确实没时间。因为小张最近谈恋爱的关系，小王常常帮小张写方案。

最近步入爱河的小张是小王在公司里关系比较好的同事之一，以前他们经常会在下班后一起打球、吃饭。本来，小王挺欣赏小张的洒脱和率真，所以在一个月前当小张一脸兴奋地说自己谈恋爱的时候，小王几乎是毫不犹豫地答应了帮他做方案，以此给小张更多的时间去谈恋爱。

但是一个月下来，小王发现自己越来越不快乐，他发现自己已经讨厌总是替他做事。但是，应该怎么拒绝呢？小王觉得拒绝的话很难说出口，好朋友是应该互相帮助的，如果自己开口说拒绝，会不会失去这个朋友呢?

在案例中，当小王愿意帮助小张的时候，他可以去帮助他；而当小王内心不愿意再帮助小张的时候，他就可以用这样一个简单的方法来拒绝他：先了解清楚情况，理解对方，再告诉他自己的想法，同样也需要对方的理解。在拒绝同事的时候，表达友好和善意是我们拒绝时最重要的原则，它可以帮助我们建立更适宜与和谐的人际关系，在这样的前提下，我们可以使用其他的方法，或者找一些小借口，就可以很好地拒绝同事。

办公室里的同事，需要相互帮忙的时候比较多，当然，在我们力所能及的情况下，帮助同事是很有必要的，毕竟这样做可以给我们带来很多的好处，比如建立和谐的人际关系以及高效地工作。不过，在职场工作中，也会有同事提出一些不合理的要求，这时我们应该怎么办呢？我们经常担心或者不愿意拒绝别人的要求，因为我们担心破坏与他们良好的关系，所以在面对同事的不合理要求时，我们会感到十分为难。

对话自己

当我们没有学会灵活地拒绝同事的时候，尽管表面上我们是答应了对方的要求，但实际上，我们内心深处会积压许多怨气，这会让我们感到痛苦，并且终有一天会影响我们与其他人的交往。所以，拒绝同事，学会积极的沟通技巧，学会合理地表达自己的感觉，这对我们是非常重要的。

不必对孩子有求必应

父母对孩子的爱是无私的，但是父母也须谨记：不能溺爱孩子。“爱子如杀子”是几千年前古人就传下来的经验，这不是一句空头话，要正确地爱，孩子才会有自己的天地和观点。父母不要把自己的人生观、价值观、世界观强加给孩子，甚至对孩子不合理的要求也予以满足。父母应该做的是既严格要求孩子，又要给他们一片宽松的天地，正确引导孩子的思想、教育孩子坚强地面对生活。

父母对孩子的溺爱，大体有这样几种：特殊待遇，给孩子吃独食、做独生日，让孩子充满优越感，变得自私、没同情心，不会关心别人；过分注意，由于父母的过分注意，孩子经常无所适从，不但会令他的主动性受到影响，而且会令其更加以自我为中心；凡事包办代替，即便孩子可以做的事情，父母也全权代替；小病大惊，孩子有一点点小病小痛，父母就会失去镇静，大惊小怪。

一天，玛雅晚上睡觉前脱完衣服之后，妈妈告诉孩子：“玛雅，以后晚上脱完衣服要把它们整理好，然后放在自己睡觉旁边的凳子上。”说完妈妈就开始帮玛雅整理脱下来的衣服，玛雅看着妈妈的动作，急忙说：“妈妈，自己的事情自己做，这些都是我的衣服，我自己来整理它们。”一边说着一边就从妈妈手上抢过自己的衣服。

接着玛雅就开始自己动手整理起衣服来，边整理自言自语：“小衣服，整整平，先把左袖折过来，再把右袖折过来，最后轻轻折起来。”玛雅整理完衣服之后高兴地指着衣服说：“妈妈，你看，我的衣服整理好

了，我棒不棒呢？”妈妈竖起大拇指：“棒！棒！宝贝真棒！”玛雅又说：“妈妈，自己的事情自己做，我可是你的小帮手呢！”说完又开始整理她自己的小裙子，再然后是袜子，等把所有的衣服都整理好之后，她就把它们一起放在了凳子上，等着第二天起床穿。

对孩子有求必应会让父母经常保持脆弱的神经，而这样的“脆弱”会连累孩子。父母经常性的担忧会感染孩子，让孩子也变得胆小怕事。而父母对孩子的关心面面俱到，无微不至，这样做的结果是惯坏了孩子，导致他们对家庭，特别是对母亲过分依赖，并慢慢形成懦弱、胆怯和忧郁的性格，不但会使孩子的独立生活能力差，而且会令其难以很好地与周围人相处。

小苏是一位全职妈妈，她3岁的儿子上幼儿园第一天，像大多数的孩子一样哭着要找妈妈、要回家。因为儿子比班里其他的孩子要小，所以老师心软，把他送回了家。小苏把老师送走之后，对儿子说：“小朋友们都在幼儿园，还没到放学的时间，谁也不能回家。现在，你只能自己去上幼儿园了。”

儿子被挡在门外，使劲地哭，可小苏硬是没让儿子进门。儿子知道妈妈的脾气，原则问题是没得商量的。最终，他妥协了，央求妈妈：“妈妈送我上幼儿园。”那一刻小苏也很想抱起儿子，把他送回幼儿园。但是，小苏心里更明白，假如自己送儿子去幼儿园，就等于助长了对方撒娇耍赖的行为。这样一来，以后的每一天儿子还会哭，老师也会送他回来。

于是，小苏狠心地对儿子说：“乖，宝贝，幼儿园就在小区里，你自己回去，下午妈妈一定来接你。”儿子很无奈地走了，他是面对着家门，一步一步倒退着离开的，一边走一边哭着对妈妈说：“妈妈，再见！”看着儿子走远，小苏也忍不住哭了。

不过，令小苏感到欣慰的是，从这天开始，儿子上幼儿园再也没有哭过。三岁的儿子通过妈妈的举动获知了一个信息：有时候一个人的愿望是会遭到拒绝的，很多事情并不是能随心所欲的。

父母是孩子的第一任老师，一旦父母对孩子采取溺爱、迁就的教育方式，将孩子放到比父母还高的位置，包办代替孩子的一切，那时间长了，孩子就会变得以自我为中心，这样的孩子往往比较软弱，不会考虑别人的感受。有的孩子在自己提出的要求得不到父母的响应时，甚至会采取极端的方法。在孩子看来，自己的要求就是命令，而父母以前从来没有拒绝过，孩子潜意识里根本就没有“自己会有得不到的东西”这样的想法。

对话自己

在家里，每位成员都是平等的。假如什么时候都给孩子特殊待遇，有什么好东西都给孩子留着，会让孩子感觉自己是高人一等的。这样一来孩子就会感觉到自己的特殊地位，习惯于高高在上，长大后肯定会变得自私，缺乏同情心，不关心他人。

第16章 别忘初心，时刻保持清醒

俗话说：“不忘初心，方得始终。”意思是，不要忘记自己最初时的那颗本心，而本心就是与生俱来的善良、真诚、无邪、进取、宽容、博爱之心。当你经历了太多的风雨之后，最初的理想、目标和准则，是否能够依然故我？

坚持，不忘最初的梦想

美国著名作家杜鲁门·卡波特说：“梦是心灵的思想，是我们的秘密真情。”梦想对于每个人来说，都有一种巨大的魔力，能够不断地召唤着我们前进，寻找着心中的远方。无论自己的梦想是多么模糊，不管自己的梦想是多么不可思议，年轻人都要听从心中梦想的召唤，紧紧跟随着它，坚持不懈地走下去，那梦想就会变成现实。“永不放弃”是梦想成真的信念，只有不懈地坚持，自己的梦想才能成就辉煌。有人认为，梦想是一种虚无缥缈的东西，并没有什么作用。其实，这种想法是错误的，梦想能够使人产生一种力量，一种信念，更重要的是，梦想能够成为现实。

马云最初梦想着创建阿里巴巴的时候，有人甚至讽刺他：“你要是能创建阿里巴巴，轮船都能开到喜马拉雅山上去。”然而，马云并没有放弃自己的梦想，他凭着不懈的精神，不但成功地创建了阿里巴巴，而且使阿里巴巴成为世界五大网站之一，最终到达了自己心中的远方。

赛尼·史密斯6岁的时候，他在威灵顿小学读一年级。一天，老师玛丽·安小姐给学生们布置作业，让大家说出自己未来的梦想，班上同学十分踊跃，纷纷说出自己的梦想。特别是赛尼，他一口气就说出两个梦想：一个是拥有一头属于自己的小母牛，另一个就是去埃及旅行。但是，班里有一个叫杰米的男孩子一下子没想出自己未来的梦想，因为他能想到的，别人都已经说了。为了让杰米拥有一个自己的梦想，玛丽·安小姐建议杰米向同学购买一个，在老师的见证下，杰米花了3 美分向赛尼购买了一个梦想，也就是“去埃及旅行”。

40年过去了，赛尼·史密斯已经到了中年，在过去的日子里，赛尼去过了许多国家，如丹麦、希腊、中国、日本，然而，他从来没有去过埃及。难道赛尼不想去埃及吗？赛尼说："自从我卖掉去埃及的梦想之后，我就从来没有忘记过这个梦想。但是，作为一个虔诚的基督教徒，我不能去埃及，因为我已经把这个梦想卖掉了。"带着强烈的愿望，赛尼决定赎回自己的梦想，因为他觉得只有这样，自己才能心安理得地踏上那片土地。但是，赛尼·史密斯没能如愿以偿，因为联邦法院认定，那个梦想现在已经价值3000万美元了。

而作为购买赛尼梦想的杰米，在这40年来，他怀揣着梦想考上了华盛顿大学，鼓励儿子考入斯坦福大学。在梦想的感召下，杰米的人生获得了极大的成功，他在芝加哥拥有6家超市，总价值超过了2500万美元。杰米说："如果我没有那个去埃及旅行的梦想，我是绝对不会拥有这些财富的。"梦想对于杰米而言，已经成为生命里不可分割的一部分。

花上3000万美元赎回一个以3美分卖出去的梦想，这在许多人看来都是不可思议的。但是，对于赛尼来说，即使倾家荡产，自己也要赎回那个梦想，因为他知道，人的一生中最珍贵的东西就是梦想，那预示着前进的方向。

每个人心中都有着这样或那样的梦想，然而，在追逐梦想的过程中，挫折与困难无所不在，有些人很轻易地放弃了，最终与梦想失之交臂。其实，梦想是年轻人生命中最珍贵的一部分，只有永不放弃自己的梦想，用心飞到梦想之地，才能让生命绽放别样的光芒。

一位穷苦的牧羊人带着两个年幼的儿子，依靠为别人放羊来维持生活。有一天，父亲带着儿子赶着羊来到一个小山坡，他们看到了一群大雁鸣叫着从天上飞过，并很快从他们的视野中消失了。小儿子问父亲："大雁要往哪里飞？"牧羊人回答："为了度过寒冷的冬天，它们要去一个温暖的地方安家。"大儿子眨着眼睛羡慕地说："要是我们也能像大雁一样飞起来就好了，那我就要比大雁飞得还要高，去天堂看望妈妈。"小儿子也对父亲说："做一只会飞的大雁多好啊！可以飞到自己想去的地方，那样就不用放羊了。"牧羊人沉默了，然后对儿子们说："如果你们想，你们也会飞起来的。”两个儿子试了试，但并没有飞起来，他们疑惑地看着父亲。

牧羊人说：“看看我是怎么飞的吧！”可是，他也没能飞起来，然而，他却肯定地告诉两个儿子说：“可能是因为我的年纪太大了，才飞不起来；你们还小，只要不断地努力，就一定能飞起来的，去你们想去的地方。”从此，在兄弟俩心中有了一个飞翔的梦想，长大后他们终于飞起来了，他们就是美国的莱特兄弟。

黎巴嫩著名诗人纪伯伦曾说：“我宁可做人类中有梦想和完成梦想愿望的、最渺小的人，也不愿做一个最伟大的无梦想、无愿望的人。”人类最可贵的本能就是对未来充满梦想，我们不仅要种下梦想的种子，而且应该让梦想的种子长成参天大树。

中国探险家余纯顺在临行罗布泊前曾说：“我也许真的会失败，但我不能放弃这个梦想，就是失败，我也要当失败的英雄。”所以，不要放弃自己的梦想，用心灌溉，寻找心的远方，总有一天，梦想会变成现实。

梦想是未来的目标，是不懈奋斗的动力。在这个世界上，自己身在何处并不重要，重要的是我们应该朝着什么样的方向前进，一旦放弃了梦想，就意味着放弃了前进的方向。所以，怀揣着梦想前进吧，用心飞到自己的梦想之地！

只有选定方向，人生才不会迷茫

很多人在刚刚步入社会时，大多拥有自己的想法，给自己设计了诸多条成就大事的道路。然而很多人没过多久，就在压力及现实面前高高地举起了

双手，早早地屈服了，自己的理想只存留于幻想中，甚至越来越不被提及。

曾有人形象地把人比作一条船。在人生的海洋中，有的人像无舵船，他们幻想能漂到一个富裕繁荣的港湾，而现实证明这多数是一种幻想和奢望。面对风浪海潮的起伏变化，他们束手无策，只能随波逐流，幸运的能漂进某个避风港，不幸者可能触礁或搁浅。那些成功者，他们花时间研究计划、确定目标和航向，他们坚持走属于自己的路，从此岸到彼岸，有计划地行进，他们勇敢地做自己心灵的舵手。

理查德这位大学毕业的高材生，最令人诧异的一点，就是他没有成为哪个大企业的骨干，某个科研项目的专家，而是成了一个出类拔萃的油漆匠。

说起理查德，不得不提他的父亲。这位从墨西哥偷渡过来的老一辈非法移民就是凭着一手好油漆活，在洛杉矶站住了脚。在一次大赦之后，这位老油漆匠拿到了绿卡，成了美国公民。

从小聪明又懂事的理查德经常在放学以后就帮助爸爸干油漆活。几年下来，理查德的手艺大有长进不说，还在有些方面大胆创新，连老爸都有点自叹不如。

理查德在校的学习成绩总是在全年级前三名，并且社区服务的记录也是全校最荣耀的，还获得过全美中学生美术展油画铜奖，这就使得他轻而易举地被哈佛大学录取了。

理查德在哈佛求学的过程中，成绩在班上总是名列前茅。但理查德每次来信，都要对星期天没法摸摸油漆活而大发牢骚；或者就是盼着早点放假，回家来摆弄油漆。四年很快过去了，虽然成绩优秀，但理查德坚持不上研究院，而是在洛杉矶找到一份薪水蛮高而且非常体面的工作。

工作半年多，理查德的表现相当出色，但他心里总是不忘油漆活。有一次，公司的老板因为理查德工作优秀，就问他对公司有哪些看法，有些什么要求。理查德说，公司把有些部件拿到外面去刷油漆不仅成本很高，质量也不理想，如果公司成立油漆部，就能很好解决这个问题。老板笑着说：“这谈何容易？买设备倒是小事，招聘优秀的油漆技师可不是一件容易的事情。”理查德说：“用不着招了，你面前就有一个。”于是，理查德把自己的经历同老板说了个明白，并且，还把招一些年轻人由他亲自培训的构想和老板进行了沟通。老板当即决定，成立油漆部，由理查德任经理兼技师。

理查德兴冲冲地告诉老爸自己提升了。当老爸知道儿子任油漆部经理时，半天没说出话来。虽然家里人一再规劝理查德三思而后行，但理查德坚持走自己的路。经过几年的努力，这个油漆部的工作非常出色，白宫有些用品都指定在这里加工。

许多事例证明，别人给予你的意见和评价，往往不是正确的。20世纪最伟大的科学家爱因斯坦4岁才会说话，7岁才会认字。老师给他的评语是“反应迟钝，不合群，满脑袋不切实际的幻想”。享誉世界的音乐家贝多芬学拉小提琴时，技术并不高明，他宁可拉他自己作的曲子，也不肯作技巧的改善，他的老师说他绝不是个当作曲家的料。大文豪托尔斯泰读大学时因成绩太差而被劝退。老师认为他“既没读书的头脑，又缺乏学习的兴趣”。如果以上诸位成功人士没有走自己的路，而是被别人的评论所左右，那他们就不会取得举世瞩目的成就。

几十年前，一位住在犹他州首府盐湖城的年轻人做了一件反常的事，令认识他的人大跌眼镜。在这之前，他因为工作勤勉努力，生活节俭有规律而被所有朋友称道。

他做了什么呢?原来他从银行中取出他的全部积蓄买了一部新车，这还不是最“愚蠢”的，当他把新车开回家后，就在车库里动手拆卸汽车，车库里摆满了零零散散的汽车零件。他仔细检查了每个零件，然后又把汽车装好，这个行为重复了许多遍，人们对此感到大惑不解，嘲笑他是不是“疯了”。

几年后，那些嘲笑过这位年轻人的人们不得不承认他们错了，而这位年轻人具有明智的见识。他开始制造汽车了。他的产品领导了整个汽车工业，他还在汽车这个领域作了许多有价值的改进和革新，他成功了。这个当年反复拆装汽车的年轻人名叫沃尔特·珀西·克莱斯勒。

很多特立独行的成功者在走自己的道路的过程中，总会听到别人不同的意见，但他们对自己的信念始终坚定不移。当别人对你的行为抱有怀疑甚至是反对的态度时，坚持自我的意见，才能有更大的突破。

人活着并不是因为千篇一律而有所价值，那些伟人，都是拥有自己独特的思想，并坚持自己人生方向的人。只要你对自己选择的路不迷茫，持续努力，那未来一定会有所收获。

你不必过于在意别人的看法。用心思考，你会发现，几乎每一个成功的故事都源于一个伟大的想法，而故事的主人公无一例外地会遇到怀疑和困境。而他们的过人之处就在于能够使这些杂音在头脑中沉寂下来，让自己静静地倾听真正的声音。他们的“疯狂”并非真的盲目，其中蕴含着目的，蕴含着方法。

寂寞时别磨灭自己的志向

许多人都知道蝴蝶的蜕变过程，先是虫卵，然后等春天来了，长成了毛毛虫，菜青虫之类的虫子，这时基本上都是害虫，然后它们生长一段时间以后成熟了，就开始吐丝结茧，再过一段时间之后才会变成“翩翩起舞”的蝴蝶。在万花丛中，我们看蝴蝶，那美丽的翅膀抖动着，那亮丽的花纹在阳光的照射下更是熠熠生辉。可是，我们在赞叹蝴蝶美丽的同时，是否想到了它蜕变背后的艰辛呢？它们在最痛苦的时候，依然没有忘记褪变这个志向。

蝴蝶的蜕变是需要代价的，它所承受的代价就是忍受痛苦：蜕变的苦痛、等待的焦躁、忐忑不安的心境。这些都是蝴蝶在蜕变之时所要承受的苦痛，其实，人何尝不是一样呢？如果自己想要成功，必须经历一个煎熬的过程，就好像蝴蝶蜕变一样，刚开始可能你只是一个什么都不会的毛头小伙子，后来慢慢开始有了想法，开始去尝试，尝试之后是失败，失败了再尝试，在忍受了无数次失败的痛苦之后，你才能迎来成功，然而，在这个过程中，你更需要忍受，需要坚持自己的志向。

前此年，英国杂志《帝国》将导演李安执导的《理智与感情》列入了“影史伟大的100部英国电影”榜单。回望李安的成功，就好像一次生活的蜕变，但在这个过程中，他付出了巨大的代价。内敛而害羞的李安曾说：“我天性竞争性不强，碰到竞赛，我会退缩，跟我自己竞争没问题，要跟别人竞争，我很不自在，我没那个好胜心，这也是命，由不得我。”这个信命的男人，却以自己强韧的耐心完成一次生命华丽的蜕变，从一个普通的男人蜕变成为了响彻国际的大导演。

虽然李安毕业时的作品《分界线》为他赢来了一些荣誉，但毕业之后，他没有找到一份与电影有关的工作，他只得赋闲在家，靠妻子微薄的薪水度日。那段日子算是李安的潜伏期，他为了缓解内心的愧疚，不仅每天在家里大量阅读、大量看片、埋头写剧本，而且包揽了所有的家务，负责买菜、做饭、带孩子，将家里收拾得干干净净。他偶尔也会帮人家拍拍片子、看看器材、做点剪辑处理、剧务之类的杂事，甚至还有一次到纽约东村一栋很大的空屋子去帮人守夜看器材。在这段时间，他仔细研究了好莱坞电影的剧本结构和制作方式，试图将中国文化和美国文化有机地结合起来，创造一些全新的作品。

后来，李安回忆起这段日子的煎熬生活，依然十分痛苦：“我想我如果有日本男人的气节的话，早该切腹自杀了。”就这样，在拍摄第一部电影之前，他在家里当了六年的家庭主男，练就了一手好厨艺，就连丈母娘都夸奖：“你这么会烧菜，我来投资给你开馆子好不好？”蛰伏了一段时间之后，李安出山了，他开始执导自己的第一部电影《推手》，紧接着，他内心对电影艺术的狂热终于等到了机会发泄了出来，一部接着一部，部部片子都是经典，都为其成功奠定了扎实的基础。

就这样，李安完成了一次生命的华丽蜕变。

一个对电影怀抱着理想和希望的男子，却甘愿在家里做了六年的“煮夫”，这需要何等的耐心！就连李安也自嘲说：“我想我如果有日本男人

的气节的话，早该切腹自杀了。”在那段煎熬的日子里，他不断蛰伏着，就好像蝴蝶在蜕变之前所经历的一切环节，忍受着寂寞与孤独，忍受着枯燥和痛苦，却始终没忘记自己的志向，总算等来了那一天，终于，他成功了，虽然蜕变的代价是巨大的，但他已经忍受了过来，现在的他，只需要轻轻地努力就可以采摘成功的果实，生活对于他，也从来都是公平的。

帕格尼尼的人生是充满苦难的：在他4岁时，一场麻疹和强直性昏厥症，差点要了他的命；7岁时，他又患上了严重的肺炎，不得不进行放血治疗；46岁时，他的牙床突然长满脓疮，只好拔掉几乎所有的牙齿；牙病刚刚好，他又染了上可怕的眼疾，幼小的儿子成了他手中的拐杖；年过半百后，关节炎、肠胃炎等多种疾病又时刻吞噬着他的肌体；后来，他的声带也坏掉了，只能靠儿子按口型翻译他的思想；57岁时，口吐鲜血而亡；死后，尸体也备受折磨，先后搬迁了8次！

但是，面对人生中的这么多苦难，帕格尼尼并没有沉沦，他不仅用独特的指法弓法和充满魔力的旋律征服了整个世界，而且发展了指挥艺术，创作出《随想曲》《无穷动》《女妖舞》和6部小提琴协奏曲以及许多闻名世界的吉他演奏曲，可以说他是一位善于用苦难的琴弦将天赋演奏到极致的奇人。

听到了帕格尼尼的悲苦演绎，李斯特大喊：“天啊，在这4根琴弦中包含着多少苦难、痛苦和受到残害的挣扎着的灵魂啊！”在追求事业的过程中，忍耐是不可避免的，但我们每个人都有自己的选择，有的人选择抱怨，有的人选择自暴自弃，有的人选择隐忍、奋进。很多时候，我们已经忘记了还有一种东西——耐心，只要我们保持顽强的耐心，再沉寂的时光也会使我们变得更坚定，成功也就是指日可待的事情了。

对话自己

任何一次成功的背后，必定是百转千回的磨砺和痛苦，甚至是一次痛苦的蜕变，所以说，成功是需要耐心的，哪怕处于多么沉寂的时光中，我们也不要磨灭自己的志向。沉寂的时光磨不去坚定的志向，它只会成为我们努力奋发的见证者。甘受寂寞和孤独，我们才能迎来成功的曙光。

向简而生，向心而栖

古人曰："大道至简。"意思是，越是真理就越是简单。我们在一生中，总会有许多的追求，许多的憧憬，也总是会面临许多的诱惑。我们或追求真理，或追求刻骨铭心的爱情，或追求理想的生活，或追求金钱，或追求名誉地位等，但太多的欲求是否会让我们的生命难以承受其重呢？生命之舟若是太过沉重，生命就不再是一个蓬勃向上和快乐进取的过程，而会成为一个痛苦无奈的延续，而一个在痛苦中挣扎的生命，即使拥有的东西再多，也都暗淡无光。

就像古人所说"大道至简"，其实，真正快乐的生活应该也是简单的，或者说，最简单的生活才是最快乐的。当然，这种简单并不是贫乏或贫穷，而是繁华之后的一种追求，是一种去繁就简的境界。越简单越快乐，这确实是简单的真理，因为简单，我们的心很容易知足，哪怕是生活中一个细小的惊喜，也会使我们变得快乐不已，这时快乐已经不再那么奢侈，而是很容易就能获得。

在宏村，有一位德高望重的老人，同时，他是一位医术精湛的老中医。他行医的宗旨是悬壶济世，解人疾苦。对于那些贫困的病人，他不仅免费医治，而且给予精神安慰和金钱上的帮助。他在家乡行医半个多世纪，积蓄颇为丰厚，于是他在家乡开办了一座济老院，收留那些晚年生活无依无靠的老人，这个济老院完全是慈善性质的。

虽然老人花了大笔的钱来办济老院，但他自己的生活却坚持一切从简的原则。在宏村行走，他常年穿戴的都是旧而干净的布衣布帽布鞋，这些衣物的历史都在三十年以上，宏村的人们很少见到他添置新的衣帽，平

时家里人置办新的衣服给他，他也不穿，而是将这些崭新的衣服送给那些缺穿的人。在饮食上，他更是主张粗茶淡饭，以素食为主。生活如此之简单，老人却生活得异常快乐，他闲来没事时就会去济老院陪那些老头老太太唠家常、叙往事。老人七十岁的时候，他在济老院的前后种植了大片的竹子，等到他一百零一岁逝世时，竹子已经是郁郁葱葱，蔚然成林了。

后来，宏村的人为了纪念这位老人，专门在竹林前立碑，除了记述老人的生平事迹以外，还为这片竹林题下了“慈竹林”这三个大字。

简单的生活，首先应该有简单的心态。老中医舍得花大笔的钱来办济老院，做慈善事业，但并不意味着他在自己的生活中也是大手大脚，甚为讲究，相反，他自己的生活一切从简，一点也不繁琐。恰恰是因为这样简单的心态，所以他更容易获得快乐，从而也获得了长寿。

美籍华裔数学家陈省身教授曾这样说道：“把奥妙变成常识，复杂变为简单，数学是一种奇妙有力、不可或缺的科学工具，人生也是一样，越是单纯的人，就越容易成功。简单既是思想，也是目的。人生是一种乐趣，一种创造。人生快乐，快乐人生，生活的动力就是不断寻找和发现乐趣。生命是否有意义，包括事业、家庭生活、健康长寿等，都和快乐有关。一个人一生中的时间是常数，应该集中精力做一些好事。”当交错复杂的生活变得简单，你会发现快乐也是比较容易获得的生活，因为我们心中已经无欲无求，在这样的心境下，自然就容易变得快乐。

追究简单极致的生活，需要适当控制自己的欲望，这些欲求当然是指物质生活和人际交往这方面；而对于精神的追求，反而会更多。因为只有一个在物质和世俗关系方面追求很少的人，才可能有更多的时间去追求精神世界的丰富多彩。当然，欲望是难以克制的，欲望本身也是有利有弊的。

有“度”的欲望是人生命的内在动力，是人们奋斗和追求事业成功的推动剂；但是，一旦超过了限度，人的欲望就会像一匹脱缰的野兽，最终将自己拖入无底的深渊。一个追求简单生活的人，他会心无旁骛，将那些引起自己烦恼的事物丢掉，不让它干扰自己的身心和脚步。简单使人快乐，简单生活是快乐的绝世法宝。

对话自己

圣人做学问追求一种“大道至简”的境界，人活一生更应如此。为什么人们会不厌其烦、孜孜不倦地去追求那些看似风光，实际上令人身心疲惫的“负担”呢？皆因内心少了一份简单，少了一种简单的人生态度。与其在财富、地位与成就的壁垒中迷惘，不如尝试以一颗简单的心，追求一种简单的生活。

永远保持一颗自信的心

一个人只有把心放空，才能更好地学习知识。一个人的成长是无止境的，他时刻都需要充足的养分。说到“养分”，大部分人会想到能让我们生命得以延续的食物，其实，这只是物质层面的养分，我们不能忽视了心灵所需的养分——知识。一个人若是缺少了知识的养分，它就像没有阳光的花儿，即使得到了很好的外在营养，它还是会慢慢地枯萎。

生活中的许多人总是只关注自己的外在，而忽视了心灵的呵护。当他们把自己的外表打扮得很精致的时候，其心灵却是空空如也。他们就像是一个等待欣赏的“花瓶”，只有光鲜的外表，而没有丰富的内在，根本没有可供欣赏的价值。一个人的成长是无止境的，在成长的路上，我们应该汲取更充足的养分，诸如知识、才情、能力，如此，你才能成为一个内外兼修的人。

王阳明的学生黄直向他提问有关于格物致知的问题。黄直问：“先生，格物致知的主张，是随时格物以致其知。那么，这个知就是部分的知，而非全体的知，又岂能达到‘博博如天，渊泉如渊’的境界？”

对于这个问题，王阳明回答说：“人心是天渊。心的本体无所不容，本来就是一个天，只是被私欲蒙蔽，天的本来面貌才失落了。心中的理没有止境，本来就是一个渊。只是被私欲窒塞，渊的本来面貌才失落了。如今，一念不忘致良知，把蒙蔽和窒塞统统荡涤干净，心的本体就能恢复，

心就又是天渊了。”

见黄直不是很明白，王阳明又指着天说：“就像咱们现在所看到的天是明朗的天，在四周所见的天也仍是这明朗的天。因为有许多房子墙壁阻挡了，就看不到天的全貌。若将房子墙壁全部拆除，就又是一个天了。不能以为眼前的天是明朗的天，而外面的天就不是明朗的天了。从此处可以看出，部分的知也就是全体的知，全体的知也就是部分的知。知的本体始终是一个。”

王阳明对弟子的教诲，是希望弟子能够从内心人手。在这段话中，他教导弟子要净空天渊，意思是把心灵的各种私欲通通清理干净，因为私心会让人变得狭隘，欲望会令人变得浮躁，一个人若是变得既狭隘又浮躁，他自然是什么都学不了的。

二十几年前，杨澜凭借着《正大综艺》在国内家喻户晓，好不容易在央视站稳脚跟后，她却突然宣布退出《正大综艺》，前赴美国私立纽约大学电影电视系攻读硕士学位。当时，很多观众感到不解：《正大综艺》主持得好端端的，杨澜干吗又要留洋呢？面对众人的不解，杨澜真诚地向观众说出了自己的心里话：自己学生时代的贮藏基本耗尽，深感“电力”不足，急需“充电”。原来，杨澜出国留学不是为别的，而是为了进一步把节目主持好，追求更高层次的艺术品味。

杨澜在美国留学期间，也曾被问到“在国内发展那么好，为什么还选择读书”，杨澜坦然表示：“年轻时最重要的资本不是青春、美貌和充沛的精力，而是你拥有犯错的机会，不要为青春留白。如果年轻时不能追随梦想，去为自己认为值得做的一件事冒一次险，哪怕犯一次错，那青春将是多么苍白啊！”从美国回来的这些年，杨澜迈向了事业的一个又一个的高峰，恰是那次“青春的犯错”才为她积蓄了一生最珍贵的财富。

获得了如此大的成就，杨澜却毅然放弃了红红火火的事业，放空杂念，远赴美国“充电”，不断地拓展新的知识，丰富自己的心灵世界，汲取成长所需要的养分。事实证明，她当初的选择是正确的，正是那个果断的决定，为她积蓄了一生的财富，最终，她收获了事业的丰硕果实。

一个人的成长并不只是身体外在的成长，心灵也应该得到相应的充盈，如此，你的外在和内在才能得到较好的统一。在生活中，有的人一大把年纪了，但是，他的修养与内涵却甚是欠缺，这样的人，他们的心灵缺少应有的“养分”，或许，直至到老，他还是一副流氓地痞的形象。

现代社会，是一个学习的社会，无论你毕业于哪所大学，从你踏入这个社会开始，你就必须学习；无论你有多大的本事，你都有学习的必要性，至少你无法无所不能。甚至，学习将伴随着我们的一生，你是否好学，将直接决定你未来能走多远。一个人最大的缺陷并不是没有接受过教育，而是他放弃了学习的机会。

对话自己

学习，就好像女人坚持使用化妆品一样。我们需要保持学习的习惯，这样才能丰富自己的心灵。肌肤需要汲取水分，也需要汲取营养，而心灵与肌肤一样，它同样需要汲取养分才不至于显得空洞。只有不断地学习，才能填满心灵的空虚。

第17章 先为自己而活，才能为别人而活

每个人的人生目标都是满足自我，而不是满足他人。先为自己而活，哪怕任性一次，让自己感知存在，体验快乐。只有你真正爱自己，自己开心了，生活美好了，才有资格和余力去从事其他事情，才能为别人而活。

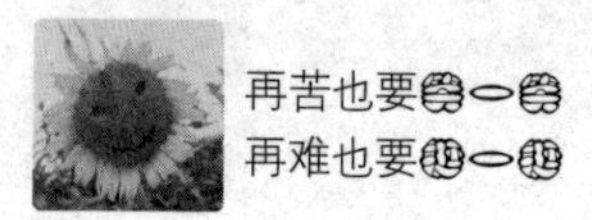

适合自己的才是最好的

有人喜欢住最豪华的别墅，有人喜欢开最奢华的轿车，有人喜欢最优越的工作，有人喜欢拿最高的工资。每个人都渴望自己的生活是最好的，因为最好的总是颇显珍贵，而那些太过于平凡的则不会受到人们的欢迎。实际上，那些最好的往往并不一定是适合自己的。或许，你住惯了小胡同，突然到了别墅里，吃饭睡觉都觉得极不自然；高级的轿车虽然很漂亮，但每次使用都要格外珍惜，好像一点也不适合性格大大咧咧的自己；优越的工作很不错，但压力太大了，自己也承受不了；最高的工资是总裁的工资，好像自己努力一辈子也达不到那个水准。所以，虽然有些东西在我们眼里是最好的，在实际生活中却根本不适合自己。

有人说，我买东西通通都是最贵的，但是，很多东西买回来才发现华而不实，一直搁在那里没有使用。生活中的很多事实证明，最好的往往不适合自己。所以，当你面对选择的时候，一定要选择合适自己的，这才是最明智的选择。

许多年轻人在选择爱情的时候，都会恪守一个原则：选择合适的而不是最好的。其实，在人生中有很多选择，也跟选爱情是一样的道理，只有合适自己的才是最好的。在这个世界上，用什么来衡量是好还是坏呢？是人们的眼光还是自己亲身的经历？我想更多的人会觉得自己亲身经历才有说服力吧。那些在别人身上颇显珍贵的东西，在自己身上并不一定能显出珍贵来，因为不适合。

汪先生是一个没有文化的人，年轻时靠着自己卖报纸挣了一些钱，然

后在亲戚的帮助下开了一家小饭馆。他不怕吃苦，整天辛勤地工作，到处寻找成功的经验。小饭馆在他精心的管理下，生意蒸蒸日上，顾客由一些街坊邻居“升级”到白领阶层，甚至还有许多商界中的成功人士也慕名而来。汪先生觉得很欣慰，特别是看着那些成功人士叼着名贵香烟、穿着满身名牌，不时从嘴里蹦出两句英语，这让汪先生羡慕不已，他希望自己有一天也能过上这样的生活。

日子一天天过去了，小饭馆变成了大酒楼，过了一两年，还开了分店，汪先生腰包也鼓起来了。他买了名车，买了洋房，把乡下的老婆孩子都接到了城里，过上了上流社会的生活。因为生意做得比较大，许多商家都慕名而来，自然少不了大大小小的应酬。刚开始的时候，汪先生觉得应酬很新鲜，能认识那些有品味的人，说着一口纯正的普通话，在这里，他再也不是那个什么都不懂的乡巴佬，而是成了成功的企业家。但是，渐渐地，汪先生发现自己与这个圈子格格不入，自己常年干活的双手长起了老茧，经常被那些人笑话；有时候，面对满口英文的老外，他根本不知道该怎么交流。内心朴实的他不能融入到这个圈子里，每天的应酬也会让自己很累。

没过多久，他就带着老婆回了乡下，酒楼的生意让儿子接管，因为儿子学的是商业管理，比自己更有能力。偶尔，他也会叼着旱烟，在酒楼里坐坐，十分惬意地享受一番。

处处彰显着虚伪的应酬根本不适合内心朴实的汪先生，他自己也意识到了。年轻时候的梦想虽然实现了，但那种看似上层社会的生活，原来是不适合自己的。所以，汪先生选择了退隐乡下，种花养草，这才是自己的生活情趣。

有人撞得头破血流，挤上了独木桥，踏上了考公务员的艰辛历程，当他终于经过了三次考试获得了正式的职位，却发现坐在办公室里看报纸、喝茶水并不适合自己的个性；有的人抛弃了大学男友，毅然选择了有车有房的成功人士，结婚之后才发现他根本容忍不了自己的性格，于是含着泪水拿了离婚证书；有的人一路奔波，终于买了房子车子，跻身成为上流社会的一员，却发现整天的应酬根本是自己的克星。爱情需要合适自己的，工作需要合适自己的，生活需要合适自己的，这样你才能赢得人生的幸福。

如果你选择了一份合适的工作，选择了一个合适的对象，买了一套合适的房子，那么你的生活是非常幸福的。任何人与事都需要看合适不合适，简单的一句“不合适”，你就可以拒绝，因为强求来的只会是长久的痛苦与磨难。有多少人以“合适”来作为自己的标准呢？

别给自己太大压力

生活中，从来不缺乏各种各样的压力：生存的压力、工作的压力、金钱的压力、心理的压力等。在这个被压力压得喘不过气来的社会，我们该如何缓解内在的压力呢？太过沉重的压力对我们的情绪是有着重要影响的，一旦压力来袭，情绪就会变得很恶劣，我们会容易生气、烦躁，似乎看什么都不顺眼，内心的情绪积压过久，总想痛快地发泄一通。所以，别给自己太大的压力。

如果我们将任何事情都当成一种负担，并在压力的重压下生活，那我们会整日生活在压力、痛苦、烦躁和苦闷之中。一个人若是背着负担走路，那再平坦的路也会让他感到身心疲惫，最后他会因为不堪生活的压力而走向不归路。当重重压力袭来的时候，不妨巧将压力变成动力，如此，不仅自己如释重负，而且还能将事情做得很好。

这些天，小王正在学习弹琴，由于基本功不太扎实，他练起琴来很费力，尽管自己付出了许多辛勤的汗水，可是，就是不见效果。但是，他心里又极度渴望自己在琴技方面能够有所突破，于是，他每天强迫自己练琴四个小时。

时间长了，他变得时常焦虑，心理上把练琴当成了一种压力，他常常烦躁地问老师："我是不是练不好了""我还能行吗""怎么这么练都不见效果，我干脆还是不练习了吧""难道我就这么放弃了吗"。老师听了，只是微微一笑："你不要自己到处找气生，放松自己，缓解心中的压力，卸下负担，将压力变成动力，这样，心情好了，琴艺自然会有所进步。"过了不久，小王的琴艺真的进步了，而之前弥漫在脸上的阴霾已经消失得无影无踪。

人一生中都会面临两种选择，一是改变环境去适应自己，二是改变自己去适应环境。既然压力是已经存在的，根本无法彻底消除的，那我们何不积极地改变自己，正确引导各种压力成为自己前进的动力呢？

一位留学英国的朋友回国，向同学们讲述了自己在国外的生活："刚开始，我在国外的时候，由于自己英文很烂，害怕出糗，就整天把自己关在屋里，看书、上网、看电影，这样的生活状态整整维持了一个月，就让我崩溃了，我开始想，自己是否应该干点什么？"后来，她去了国家应用科学院求学，刚开始的时候，老师讲课自己一半都听不懂，而且，老师讲课也没有教材，只能靠自己做笔记，压力非常大。当时，她想，自己只要及格就行了，没有必要追求名列前茅。于是，每天，她都会拿着同学的笔记来抄，然后，就跟自己的男朋友一起出去约会。

临近考试的时候，她才开始"抱佛脚"，背诵笔记，每天只睡三个小时，第一次考试，她及格了。虽然，自己的分数并不是很高，但是，令她高兴的是老师给全班同学发了一封邮件，在信里，老师这样说："这次考试，我以为出的题目比较难，但是，令我没有想到的是，班里的三个留学生考得还不错，希望你们继续努力。"老师的鼓励令她受到了鼓舞，她开始认真听课，成绩也越来越靠前了，到了第二年，她的成绩就排在了全班第一，这样的成绩不仅令同学感到惊叹，连她自己都觉得不可思议。最后，她这样说道："在国外求学的经历堪称跌宕起伏，但是，我并不觉得有什么不好，这些所谓的挫折与困难，让我学会了承受，让我赢得了最后的胜利。我们的生活需要适当的压力，压力教会了我们什么是坚持，最重要的是，让我远离了

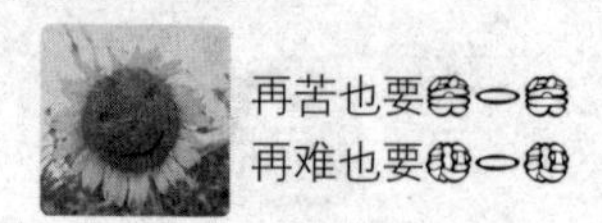

那种无聊、烦闷的生活，而重新拾起了久违的快乐。”

当压力成为了自己前进的动力，那生活将会变得异常美好。生活中其实是需要压力的，当我们感觉不到压力的时候，你会发现充斥在生活中的都是无聊、烦闷的气息。一旦生活有了某种压力，在压力的打压下，如果能不自觉地将这种压力当成动力，那我们做什么事情都是精神十足，因为压力驱使着我们将事情做得更完美。

对话自己

在现代社会，几乎每一个人都有压力，其实，适当的压力对我们自身是十分有用的。一个人的潜力究竟有多大，我想大多数人都不清楚，对此，科学家指出：人的能力有90%以上处于休眠状态，没有开发出来。是的，如果一个人没有动力，没有磨炼，没有正确的选择，那么，积聚在他身上的潜能就不能被激发出来，而压力能够给他这样的动力。

会工作更会享受生活

《杜拉拉升职记》中的杜拉拉也许是我们在职场中的代表，她没有多少背景，受过良好的教育，全部靠个人的努力，当然，最终她取得了成功。仅仅从这个角度说，杜拉拉当然算是每个人的偶像。不过，尽管我们对杜拉拉的坚韧和成功十分敬佩，但我们若是从另外一个角度说，这种拼命努力的工作狂和八面玲珑的为人处世也不是每个人都能做到的。或者可以说，这并不是每个人都想过的一种生活。对于我们大部分人而言，与其成为另外一个不要命的工作狂，还不如做回自己，静心地享受生活。

生活中，那些工作狂为什么那么拼命地工作呢？他们最主要的目的就是挣钱，而挣钱为了什么呢？难道仅仅是为了让自己的生活更物质一些

吗？在物欲横流的今天，越来越多的人物质充足，精神却很贫瘠，心灵无法得到休息。这主要是因为他们模糊了一个概念——挣钱的意义在于享受生活，而不是折腾生活。

中国的文化崇尚工作至上，在这种文化的影响下，许多人经常在办公室挑灯夜战，或者从来不出门旅游，这样拼命工作的人其实已经忽略了生活的美好，更何况工作得多并不意味着应该受到表彰或加薪。过度工作很有可能会降低自己的工作效率、消磨自己的创造力，甚至对你与家人和朋友的关系产生负面影响。

王先生来自于偏远的山村，用光了家里所有的钱，挤进了大学的门槛，到大学毕业之后，他已经是负债累累。虽然，品学兼优的王先生通过老师的介绍获得了一份不错的工作，但他并不满足于普通的职位，而自己读书欠下的债也成为了他拼命工作的动力。早上他是第一个到办公室的，下班了，他却是最后一个离开办公室的。在无数个深夜，他孤身一个人待在办公室，思考一个企划案，或着手一个新产品的研发。当然，付出是有回报的，王先生很快晋升至管理层，不仅如此，他还清了所有的债务。就在这时，他结识了一位女士，组建了一个幸福美满的家庭。

这样看起来，王先生的生活算是美满幸福了，但王先生并没有放松下来。每天，他依然是公司最拼命的一个，妻子每每抱怨："你已经很久没陪我们去公园了！我们一家人从来没去旅游过！"这时王先生总是以惯有的口吻说："我这样也还不是为了这个家！"妻子辩解："可我们已经不缺什么了，我和孩子唯一缺的就是你，再富足的物质生活也比不上一家人在一起啊！"妻子的话还没说完，王先生已经西装革履地出门了。

这天，加班到凌晨一点的王先生回到家里，竟然发现妻子带着孩子走了，桌上只留下一个地址。第二天，王先生破天荒地向公司请了假，来到妻子所给出的地址，没想到竟然是一处山清水秀的森林公园。远远地，王先生看到妻子、孩子，还有自己白发苍苍的老母亲坐在一起，孩子嬉戏着，妻子则和母亲聊着天。看着这样的景象，王先生的眼睛湿润了，在那一刻，他明白了很多。

从此以后，王先生不再是拼命三郎了，他从自己加班工作的时间里抽出一部分陪家人和朋友，在这段时间里，他才发现生活是多么美好、多么轻松！

若一个人拼命工作到忘记了家人和朋友，那么即便他的物质生活是富足的，其精神生活也是一片贫瘠，他的内在心灵更是一片荒芜的花园。因为他不懂得享受生活，自然感受不到来自生活的快乐。工作的功利性目的是为了挣钱，但这并不是其最终的目的，享受生活才是挣钱的最终目的。

享受生活是人生的特殊体验，在越来越喧嚣的尘世中，我们逐渐背离了享受生活的本质。在拼命工作的过程中，我们变得越来越提得起，放不下，为享受而挣钱，把挣钱、占有当作是享受的终极目的。这样一来，生活中感受到的是苦多乐少。其实，享受生活是一种感知，品味春华秋实、云卷云舒，一缕阳光、一江春水、一语问候、一叶秋意都是生活里醉人的点点滴滴。

尽管，有激情有梦想是上天赐予自己的礼物，为自己热爱的事业而努力更不会是一种错误，但是，我们的休息也很重要。除去忙碌的工作时间以外，我们应该更多地享受生活，享受与家人朋友待在一起的感觉。这样我们才能收获更多来自心灵深处的快乐。

有些事不需要亲力亲为

有的人是天生喜欢操心，他的心无时无刻不是在担心这担心那，好像一刻也不能放松，于是，他的整颗心都是紧绷着的。在生活中，无论是大事还是小事，他都不放心别人去做，而是亲力亲为。当然，凡事都亲力亲

为，这是一种负责任的态度，但若是太过亲力亲为，那就是有点以自我为中心了。

通常情况下，那些习惯于凡事亲力亲为的人，他们大多只相信自己，不太相信别人，因此，哪怕是一件小事情，他们也不愿意交给别的人去做，而是尽量亲自去操办。这样的一种心理所导致的行为，我们且不说事情的最后结果怎么样，但如果真的大事小事都自己去做，那所造成的很明显的结果就是——身心疲惫。他们永远都是一个人在考虑自己要做什么、做到什么样的程度，没有任何人伸出援助之手，而任何造成他们独自做事的结果的原因，并不是其他人不愿意帮忙，而是他们拒绝别人帮忙。在此，我们有必要提醒那些太过于自我的人，不要太操心，很多人和事都无须你亲力亲为。

在日常工作中，如果我们并不只是一个普通员工，而是领导者，在这样的情况下，若我们还保持着凡事亲力亲为的习惯，那下属到底适合干什么呢？假如我们真的处于领导者的位置，就需要将更多的机会让给下属去表现，这既可以有效地锻炼下属的工作能力，又能够凸显领导者的威严。一个领导者若是凡事都亲力亲为，那么他的工作量是相当重负荷的，而且，下属只会议论“领导根本不相信我们，什么事情也不交给我们去做”，如此一来，不仅累了自己，而且将别人展现自我的机会剥夺了。因此，我们要想活得潇洒一些，轻松一些，就不要去操那些不属于自己范围内的心，有些事情大可以交给别人去做，我们只需要适当指导，等待结果就行了。

王姐从小就有个习惯，对于有关于自己的事情，她必然是自己去做，她不放心任何人去做。在她年纪尚小的时候，有一次，她背着厚重的东西回家，身边的朋友好心建议说：“让我帮你背一程吧。”结果她拒绝了，理由是怕对方将她的东西摔到地上，朋友听到这个理由，下巴都快掉了下来。

长大后，王姐的这个习惯更是日益严重。高中毕业后，王姐就在一家蛋糕店当了收银员，平时没事就是守在那个柜台边，不让任何人接近自己的工作位置。店长吩咐：“你在有时间的时候，教教店里的导购收银。”结果，王姐经常忘记这样的吩咐，她从来不放心把自己的工作让别人去干。就因为这样独特的习惯，她在店里的人缘相当不好，但她工作倒是很负责任，工作了几年之后，她升职当了店长，这样她显得更忙了。早上，她第一个到店里，晚上她最晚离开蛋糕店，因为她不放心任何一个店员，她需要亲力亲为地收货、摆货、收银。虽然这样一来，自己算是放心了，但长期这样拼命地上班，王姐真是疲累不堪。但一旦她想到不去店里，让店员们去做，她的心就更累。

没过多久，王姐终于累到了，躺在医院里，她所担心的还是蛋糕店：“今天货到齐了吗？”“货物摆放得整齐吗？”坐在床边的老公忍不住说：“你总是这样，凡事亲力亲为，你以为自己多伟大，但其实是抹杀了店员们表现自我的机会。今天早上我路过蛋糕店，发现没有你，他们依然将事情做得很好，有条不紊，你就不用操心了，你现在是店长了，很多事情完全可以交给别人去做。如果你总是操心，那你永远有操不完的心，你自己也会身心俱疲。”

在案例中，王姐虽然升职成为了店长，但她对店里的很多事情总是亲力亲为，结果病倒在床上。她的累不仅在身体上，更来自于心里。因为太过于操心，她几乎每时每刻都在想还有什么事情没做好，她就好像一个陀螺一样，不停地转，直至最后无力地摔倒在地上。其实，她完全没必要这样累，放手将一些事情交给别人去打理，不仅轻松了自己，而且给了下属展现自我的机会。

生活中，一个人操心太多就会使其身心疲惫；反之，如果将别人能做的事情交给对方去做，自己只是观看或指导，这样反而会轻松很多。当然，要想培养这样的习惯，首先应该学会信任别人，以及放松自己。

对话自己

你只有足够地信任别人，才能放心地将事情交给对方；你只有放松了自己，才不会那么执着地想要自己亲自去做。所以，不要太过操心，让自己过得轻松一点，将某些人和事交给别人去办，这样自己才能轻松起来。

感恩自我，幸福的门槛其实很低

叔本华曾说过：“我们很少想到自己拥有什么，却总是想着自己还缺少什么！不要感慨你失去或是尚未得到的事物，你应该珍惜你已经拥有的一切。”有人曾问活到120岁的老人为何会这样长寿，老人笑了，深深浅浅的皱纹似乎也满含笑意，他说：“没有什么，只要凡事看开点。”或许，年少时的我们太轻狂，总以为人生只有甜美；可是，在经历了命运的坎坷、生活的艰辛之后，我们逐渐懂得人生并不如想象般一帆风顺，其中也有酸甜苦辣，只有放宽心胸，凡事看开点，人生才会变得更美好。否则，总是自己跟自己生气，有可能将在怨气中度过余生。其实，幸福的底线是自己界定的，它可以很高很高，也可以更低一点，将幸福的底线画得越低，我们就越容易接近幸福。

史铁生曾这样写道：“生病的经验是一步步懂得满足，发烧了，才知道不发烧的日子多么清爽。咳嗽了，才体会不咳嗽的嗓子多么安详；刚坐上轮椅时，我老想，不能直立行走岂不把人的特点搞丢了？便觉得天昏地暗，等又生出褥疮，一连数日只能歪七扭八地躺着，才看见端坐的日子其实多么晴朗。后来又患尿毒症，经常昏昏然不能思想，就更加怀念往日时光。终于醒悟：其实每时每刻我们都是幸运的，任何灾难面前都可能再加上一个‘更’字。”史铁生从心底深处说出了这样的话，也许，我们可以理解为他一定是吃尽了“疾病”的苦头，懂得了感恩，所以，才把幸福底线定得这么低。事实上，幸福底线本就如此低，为什么我们并没有养成每天“幸福”的习惯？

两个水手因为船只失事而流落到一个荒岛。

甲水手一上岸就愁眉苦脸，担心荒岛上有没有充饥之物，没有落脚之处。乙水手却一上岸就为自己将要开始一段新的生活而欢呼。

两个人在荒岛上找到一个洞口，乙水手为今晚可以睡一个好觉而庆幸，甲水手却担心洞里面是否有怪兽。乙水手安然入睡，甲水手辗转难眠，不知道明天怎么度过。

上帝可怜两个水手，竟然让他们在荒岛上意外地发现一袋粮食。乙水手高兴得手舞足蹈，而甲水手担心怎么把生米煮成熟饭，煮出来的饭是否咽得下。每吃完一顿饭，乙水手总是很满足地说："又过了一天。"而甲水手总是叹气："唉，假如粮食吃完了该怎么办呢?"

粮食一天一天减少，终于被他们吃完了。荒岛上还有些野果，他们把它采摘回来。乙水手说："运气真好。竟然还有水果吃。"甲水手哭丧着脸说："从来没有这么倒霉过。上帝不要我活了，竟然要吃这样的野果。"

终于野果也吃完了，他们再也找不到其他可以吃的东西了，只好挨饿。为了保存体力，他们只好躺在洞里休息。乙水手说："想不到我竟然什么也不用做还可以睡觉。"甲水手绝望地说："死亡离我们越来越近了。"

最后一刻，他们都坚持不住了。乙水手说："终于可以抛开一切烦恼，投奔天国了。"甲水手说："我还不想下地狱。"

乙水手死了，脸上挂着微笑。

甲水手死了，脸上充满悲伤。

死亡，或许是人们最后的结局，但是，在通往终点的路上，人们却各有选择。乙水手心怀感恩，即使人生遭受到了最大的打击，他依然乐观地感激每一天，因为自己还活着，正是这样的信念，使他总是能够轻易地感受到幸福。甲水手则不一样，总是为未来而担忧，患得患失，自己跟自己过不去，时刻都处于忧虑之中，最终，面对死亡时，他依旧满脸悲伤。在很多时候，我们不懂感恩，总认为生活给予自己的不够多，不自觉提高了幸福的底线，但是，当我们真正意识到什么是幸福的时候，生命留给我们享受幸福的时间已经少得不能再少了。

亚伯拉罕·林肯曾经说过："人们如果下定决心要拥有幸福，他就会等到幸福。"经常关注杨澜博客的人会发现，她有一个特别的习惯：每天

都会写下5件让自己感到幸福的事情，比如天气晴朗温暖，让我一睁开眼就有好心情；与几位朋友共进晚餐……在后面，杨澜写了这样一句话："我们从小就学习各种能力，但似乎忽视了一种最重要的能力——感受幸福的能力。"

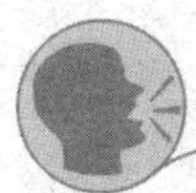

对话自己

因为不懂感恩，所以，我们渐渐失去了感受幸福的能力，试想，将幸福的底线画得太高，幸福还会离我们更近吗？如果每天我们将幸福的底线画低一点，那么，幸福的指数就会一直上升，感恩也会成为一种习惯，伴随我们左右。

参考文献

[1]任倬灏.不要抱怨生命中的不如意[M].北京：中国长安出版社，2010.

[2]王辉耀.在不如意的人生里奋起直追[M].江苏：江苏文艺出版社，2014.

[3]闫江华.在不如意的人生里改变自己[M].北京：中国纺织出版社，2015.